高等职业教育装备制造类专业系列教材

普通机床加工实训

PUTONG JICHUANG JIAGONG SHIXUN

主　编　张克昌　解存凡

副主编　刘志辉　周利华　郭巧红

文照辉　刘慎玖

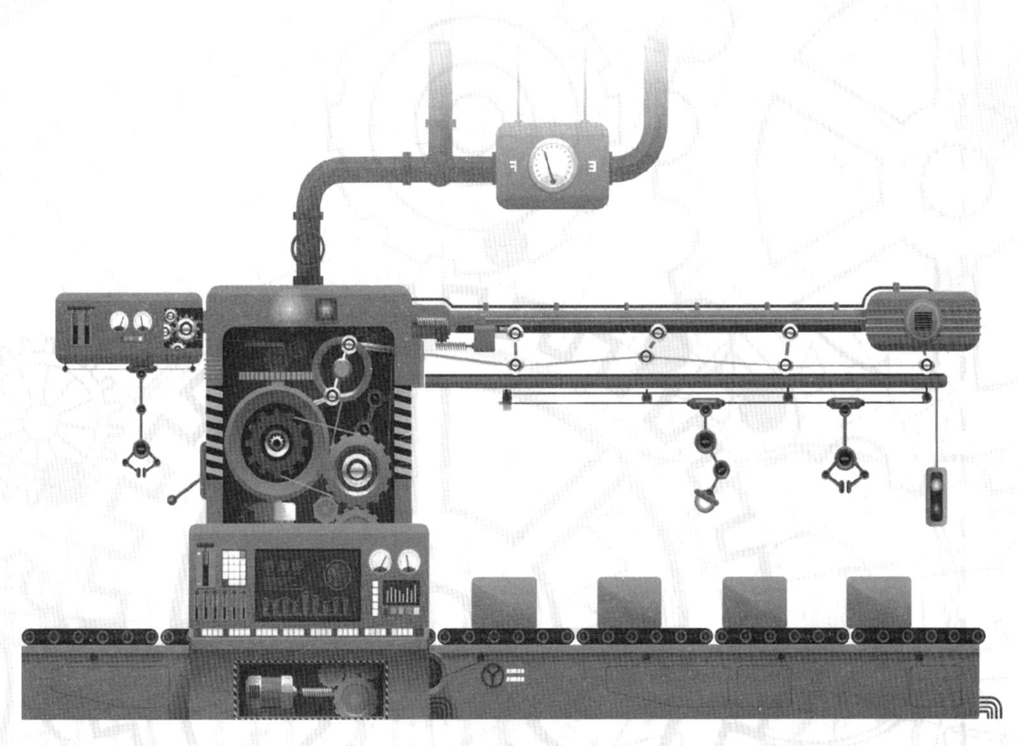

西安交通大学出版社
XI'AN JIAOTONG UNIVERSITY PRESS
国家一级出版社
全国百佳图书出版单位

内容简介

本书根据高职高专人才的培养目标，结合湖南省机械设计与制造专业技能抽测标准，在广泛吸取与借鉴近年来高职高专普通机床加工实训教学经验的基础上编写而成。

本书通过19个基本项目和8个拓展项目的训练，让学生达到中级车工的实际操作技能水平，本书可作为高职高专机械设计与制造、数控技术、模具设计与制造等专业的教材，也可供自学者和相关技术人员参考。

图书在版编目(CIP)数据

普通机床加工实训/张克昌，解存凡主编. —西安：西安交通大学出版社，2021.11

ISBN 978-7-5693-2324-5

Ⅰ.①普… Ⅱ.①张… ②解… Ⅲ.①数控机床-加工-高等职业教育-教材 Ⅳ.①TG659

中国版本图书馆CIP数据核字(2021)第212231号

书　　名　普通机床加工实训
主　　编　张克昌　解存凡
策划编辑　杨　璠　雷萧屹
责任编辑　杨　璠
责任校对　柳　晨

出版发行　西安交通大学出版社
（西安市兴庆南路1号　邮政编码710048）
网　　址　http://www.xjtupress.com
电　　话　(029)82668357　82667874(发行中心)
(029)82668315(总编办)
传　　真　(029)82668280
印　　刷　西安五星印刷有限公司

开　　本　787 mm×1092 mm　1/16　**印张** 11.75　**字数** 253千字
版次印次　2021年11月第1版　2021年11月1次印刷
书　　号　ISBN 978-7-5693-2324-5
定　　价　32.00元

读者购书、书店添货，如发现印装质量问题，请与本社发行中心联系、调换。
订购热线：(029)82665248　(029)82665249
投稿热线：(029)82668804
读者信箱：phoe@qq.com

前言

国务院于2015年5月19日正式印发了《中国制造2025》，这是党中央、国务院总揽国际国内发展大势，站在增强我国综合国力、提升我国国际竞争力、保障我国国家安全的战略高度做出的重大战略部署，其核心是加快推进制造业创新发展、提质增效，实现从制造大国向制造强国转变。适应“中国制造2025”发展需求，重点对接装备制造业产业转型升级，探求装备制造业优化升级，成为培养数控技术专业人才的新要求。为提升高素质技术技能型数控人才的培养，本书建立了一套以工作过程为导向，以项目教学为体系，以大量的实践为主的方法，培养学生的实践动手能力。

本书配套的课程内容选择参照了国家职业资格标准和湖南省机械设计与制造专业技能抽测的要求，着力于培养熟练操作普通机床服务于生产和管理第一线的高素质技术技能型高端制造人才。

本书主要由基本项目和拓展项目两部分组成，第一部分基本项目包括车床的基本操作等19个项目，第二部分拓展项目包括8个项目。通过项目的训练，使学生达到中级车工的实际操作技能水平。

本书由湖南铁道职业技术学院的张克昌、解存凡任主编，湖南铁道职业技术学院的刘志辉、周利华、郭巧红、文照辉、刘慎玖任副主编。湖南铁道职业技术学院沈润东、刘梅参与了本书的编写。本书在编写过程中得到了学院各级领导及同事的大力支持，在此表示衷心的感谢！

由于编者水平有限，加之时间仓促，书中难免瑕疵之处，殷切希望广大读者提出宝贵意见。

编　者

2021年1月

目　录

第一部分　基本项目

项目 1　车床的基本操作 …………………………………………………………… (3)
项目 2　圆柱工件在四爪卡盘上的安装及校正 …………………………………… (9)
项目 3　外圆车刀的刃磨 ………………………………………………………… (15)
项目 4　轴类零件的车削 1 ……………………………………………………… (21)
项目 5　轴类零件的车削 2 ……………………………………………………… (29)
项目 6　圆锥面的车削 …………………………………………………………… (37)
项目 7　切槽与切断 ……………………………………………………………… (45)
项目 8　三角螺纹车刀的刃磨 …………………………………………………… (53)
项目 9　外三角螺纹的车削 ……………………………………………………… (59)
项目 10　套类零件的车削 ………………………………………………………… (67)
项目 11　内三角螺纹的车削 ……………………………………………………… (75)
项目 12　铣床的基本操作 ………………………………………………………… (83)
项目 13　平面、台阶的铣削 ……………………………………………………… (89)
项目 14　六方体的铣削 …………………………………………………………… (97)
项目 15　键槽的铣削 …………………………………………………………… (105)
项目 16　外圆柱表面的磨削 …………………………………………………… (113)
项目 17　车削梯形螺纹 ………………………………………………………… (119)
项目 18　车削蜗杆、多线螺纹 ………………………………………………… (127)
项目 19　车削偏心工件 ………………………………………………………… (135)

第二部分　拓展项目

拓展项目 1 …………………………………………………………………………… (145)
拓展项目 2 …………………………………………………………………………… (148)
拓展项目 3 …………………………………………………………………………… (151)
拓展项目 4 …………………………………………………………………………… (154)
拓展项目 5 …………………………………………………………………………… (157)
拓展项目 6 …………………………………………………………………………… (160)
拓展项目 7 …………………………………………………………………………… (163)
拓展项目 8 …………………………………………………………………………… (170)

附录 A　车工实训车间 6S 检查评分标准 ……………………………………… (177)
附录 B　车工实训室学生 6S 考核表 …………………………………………… (179)
附录 C　车工实训综合评分表 …………………………………………………… (181)

参考文献……………………………………………………………………………… (182)

第一部分　基本项目

项目1　车床的基本操作

1.1　任务单

适用专业：机械设计与制造、数控技术、模具制造			适用年级：二年级	
任务名称：车床的基本操作			任务编号：R1－1	
学习小组：	姓名：	班级：	日期：	实训室： 车工实训室

一、任务描述

1. 了解车工实训车间的规章制度及车工安全操作规程。

2. 了解普通车床的型号及其含义；了解普通车床的基本结构(见图1－1)和工作原理；掌握普通车床的安全操作技术。

3. 能在规定的时间内完成对车床每个手柄的名称和作用的认知。

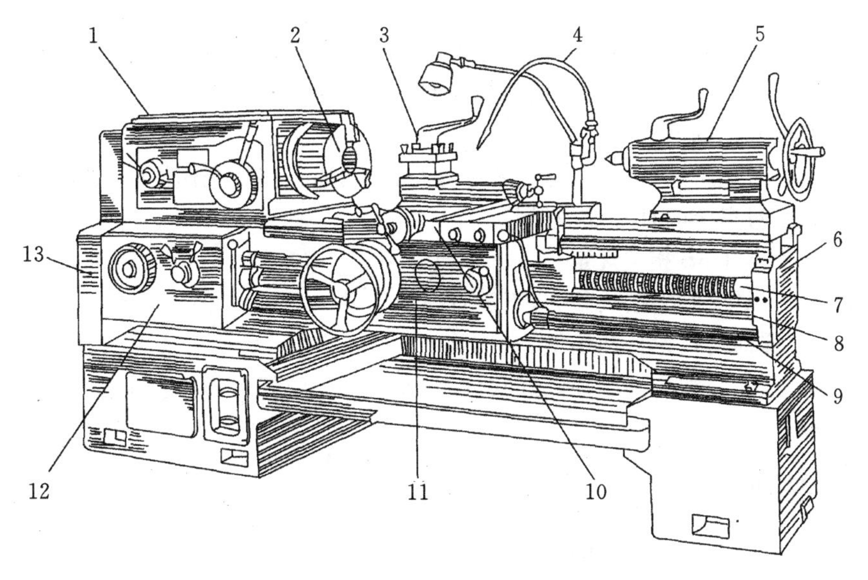

1—主轴箱；2—卡盘；3—刀架；4—切削液管；5—尾座；6—床身；
7—长丝杠；8—光杆；9—操纵杆；10—溜板；11—溜板箱；12—进给箱；13—挂轮箱。

图1－1　卧式车床

二、相关资料及资源

相关资料：

1. 教材《金工实训》[1]。

2. 教学课件。

相关资源：
1.普通车床图片。
2.教学课件。
3.普通车床。

三、任务实施说明

1.学生分组，每小组 5～8 人。
2.小组进行任务分析。
3.资料学习。
4.现场教学。
5.小组讨论车床操作时应注意的安全事项。
6.小组合作，进行车床操作讲解演练，小组成员补充优化。
7.角色扮演，分小组进行讲解演示。
8.完成 1.2 引导文相关内容的填写。

四、任务实施注意点

1.注意观察普通车床的结构和传动原理。
2.注意观察车床每一个操作手柄的功能和操作方法。
3.注意安全操作练习。
4.遇到问题时小组进行讨论，可让老师参与讨论，通过团队合作使问题得到解决。
5.培养学生对车床的日常维护保养。
6.培养学生遵守 6S 相关规定：
(1)工、量、刀具要归类摆放整齐，不随意摆放。
(2)每班下课前清扫设备和场地。
(3)进入实训室必须按要求穿戴好实训服，女生必须戴好工作帽。未按要求着装者不得进入实训室。

五、知识拓展

1.通过查找资料等方式，了解普通车床的加工原理和加工范围。
2.查找资料，了解机械加工除了车床以外还有其他什么机床。

任务下发人：

日期：　　年　月　日

任务执行人：

日期：　　年　月　日

1.2　引导文

适用专业:机械设计与制造、数控技术、模具制造			适用年级:二年级	
任务名称:车床的基本操作			任务编号:R1 - 1	
学习小组:	姓名:	班级:	日期:	实训室: 车工实训室

一、明确任务目的

通过学习情境 1[1] 的学习,要求学生能够做到:

1. 熟悉安全文明生产,遵守实训车间安全制度。
2. 了解车床的型号、各部分名称及其作用。
3. 了解车床的传动系统。
4. 掌握车床的一般维护及保养。
5. 遵守 6S 管理的相关规定。

二、引导问题

1. 车床实训车间的规章制度。

2. 6S 管理的相关规定。

3. 操作车床应注意的安全事项。

4.普通车床的加工特点。

5.车床的型号是如何标注的？填写下面各项表示的含义。

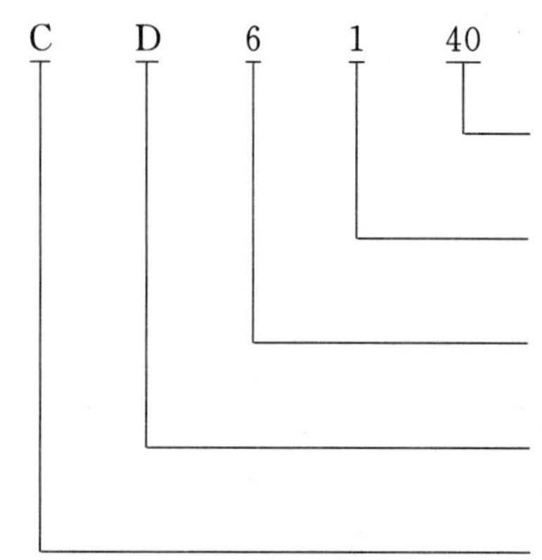

6.简述车床的日常维护保养。

三、引导任务实施

1.根据 1.1 任务单简述车床每一个手柄的功能。

2.能够识别不同型号的车床及其含义。

3.简述车床的日常维护保养。

四、评价

小组讨论设计本小组的学习评价表，相互评价，最后给出小组成员的得分。

任务学习的其他说明或建议：

指导老师评语：

任务完成人签字：

日期：　　年　月　日

指导老师签字：

日期：　　年　月　日

1.3　6S 和现场操作评分表

<table>
<tr><td colspan="2">学习项目名称</td><td></td><td colspan="2">日　　期</td><td colspan="2"></td></tr>
<tr><td colspan="2">姓　　名</td><td></td><td colspan="2">工 位 号</td><td colspan="2"></td></tr>
<tr><td colspan="2">开工时间</td><td></td><td colspan="2">任　　务</td><td colspan="2"></td></tr>
<tr><td rowspan="8">职业素养</td><td>考核项目</td><td>考核内容</td><td>自我评分
(×10%)</td><td>班组评分
(×30%)</td><td>教师评分
(×60%)</td><td>得　分</td></tr>
<tr><td>纪律
(20 分)</td><td>认真学习,不迟到,不早退,服从安排,打扫车间卫生。如有违反,一项扣 1～3 分</td><td></td><td></td><td></td><td></td></tr>
<tr><td>安全文明生产
(20 分)</td><td>安全着装,按要求操作车床。如有违反,一项扣 1～3 分</td><td></td><td></td><td></td><td></td></tr>
<tr><td>职业规范
(20 分)</td><td>爱护设备、量具,实训中工具、量具、刀具摆放整齐,给机床加油、清洁。如有违反,一项扣 1～3 分</td><td></td><td></td><td></td><td></td></tr>
<tr><td>现场要求
(20 分)</td><td>不玩手机,不大声喧哗,不打闹,课后清扫地面、设备,清理现场。如有违反,一项扣 1～3 分</td><td></td><td></td><td></td><td></td></tr>
<tr><td>认知车床各部分名称
(20 分)</td><td>对车床各部分进行认知考核。错误一次扣 1～3 分</td><td></td><td></td><td></td><td></td></tr>
<tr><td>人伤械损事故</td><td>若出现人伤械损事故,整个项目成绩记 0 分。该项没有加分,只有减分</td><td></td><td></td><td></td><td></td></tr>
<tr><td colspan="2">总　　分</td><td></td><td></td><td></td><td></td></tr>
<tr><td colspan="2">备　注
(现场未尽事项记录)</td><td colspan="5"></td></tr>
<tr><td colspan="2">教师签字</td><td></td><td colspan="2">学生签字</td><td colspan="2"></td></tr>
</table>

项目2　圆柱工件在四爪卡盘上的安装及校正

2.1　任务单

适用专业：机械设计与制造、数控技术、模具制造			适用年级：二年级	
任务名称：圆柱工件在四爪卡盘上的安装及校正			任务编号：R1-2	
学习小组：	姓名：	班级：	日期：	实训室： 车工实训室

一、任务描述

1. 工件的安装及校正。通过课题实训，了解普通车床夹具的种类(见图2-1和图2-2)和用途，掌握圆柱工件在四爪卡盘上快速准确的安装及校正方法。

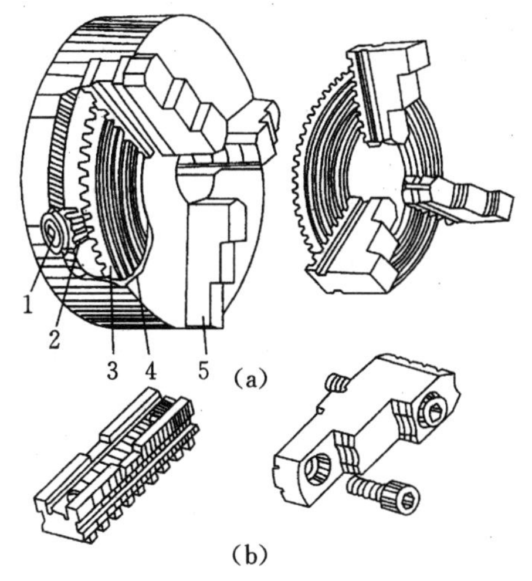

1—扳手插入孔；2—小锥齿轮；3—大锥齿轮；4—卡盘体；5—卡爪。

图2-1　三爪卡盘

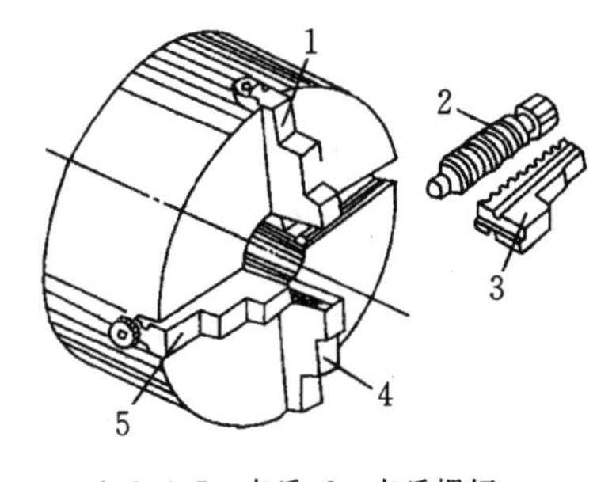

1,3,4,5—卡爪；2—卡爪螺杆。

图2-2　四爪卡盘

2. 能在10 min内完成工件的安装，检测A点和B点两点的精度(见图2-3)，在0.06 mm以内每0.01 mm扣1分，在0.06 mm以外每0.01 mm扣2分。

校正方法如下：

轴类零件一般校正A(径向)、B(轴向)两点。

A点：通过调整卡爪达到。

B点：通过敲击工件达到。

二、相关资料及资源

相关资料：

1. 教材《金工实训》[1]的绪论及项目2部分。

2.教学课件。

相关资源：

1.三爪卡盘、四爪卡盘的图片和实物。

2.教学课件。

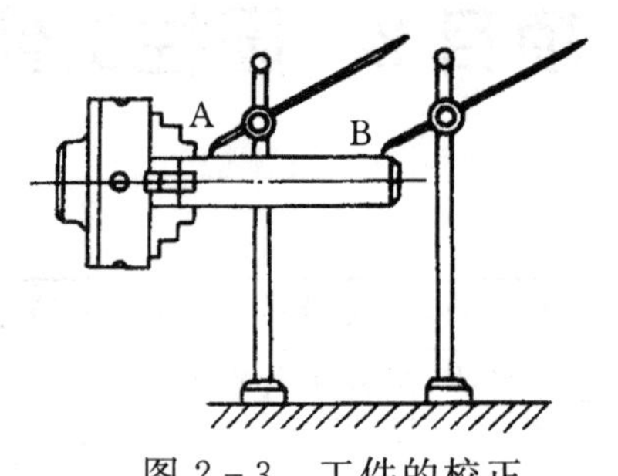

图 2-3　工件的校正

三、任务实施说明

1.学生分组，每小组5～8人。

2.小组进行任务分析。

3.资料学习。

4.现场教学。

5.小组讨论工件安装时应注意的安全事项。

6.小组合作，进行工件安装操作讲解演练，小组成员补充优化。

7.角色扮演，分小组进行讲解演示。

8.完成2.2引导文相关内容的填写。

四、任务实施注意点

1.了解三爪卡盘、四爪卡盘的结构。

2.掌握在三爪及四爪卡盘上安装和校正工件的方法。

3.注意安全操作练习。

4.遇到问题时小组进行讨论，可让老师参与讨论，通过团队合作使问题得到解决。

5.培养学生遵守6S相关规定：

(1)工、量、刀具要归类摆放整齐，不随意摆放。

(2)每班下课前清扫设备及场地。

(3)进入实训室必须按要求穿戴好实训服，女生必须戴好工作帽。未按要求着装者不得进入实训室。

五、知识拓展

1.通过查找资料等方式，了解普通车床夹具的种类和用途。

2.查找资料，了解机械加工其他工种的夹具。

任务下发人：

日期：　　年　月　日

任务执行人：

日期：　　年　月　日

2.2　引导文

<table>
<tr><td colspan="3">适用专业:机械设计与制造、数控技术、模具制造</td><td colspan="2">适用年级:二年级</td></tr>
<tr><td colspan="3">任务名称:圆柱工件在四爪卡盘上的安装及校正</td><td colspan="2">任务编号:R1－2</td></tr>
<tr><td>学习小组:</td><td>姓名:</td><td>班级:</td><td>日期:</td><td>实训室:
车工实训室</td></tr>
</table>

一、明确任务目的

通过学习情境 2[1]的学习,要求学生能够做到:

1. 了解车床夹具的分类和用途。
2. 掌握校正方法和技巧。
3. 能在四爪卡盘上安装及校正工件。
4. 遵守 6S 管理的相关规定。

二、引导问题

1. 什么是车床的夹具?夹具分为哪几类?

2. 简述三爪卡盘和四爪卡盘各有什么特点。

3. 校正工件时应注意的安全事项。

三、引导任务实施

1. 根据 2.1 任务单说出校正的意义。

2. 了解三爪卡盘和四爪卡盘的结构。

四、评价

小组讨论设计本小组的学习评价表，相互评价，最后给出小组成员的得分。

任务学习的其他说明或建议：

指导老师评语：

任务完成人签字：

日期：　　年　月　日

指导老师签字：

日期：　　年　月　日

2.3　6S 和现场操作评分表

<table>
<tr><td colspan="2">学习项目名称</td><td colspan="2"></td><td>日　　期</td><td colspan="2"></td></tr>
<tr><td colspan="2">姓　　名</td><td colspan="2"></td><td>工 位 号</td><td colspan="2"></td></tr>
<tr><td colspan="2">开工时间</td><td colspan="2"></td><td>任　　务</td><td colspan="2"></td></tr>
<tr><td rowspan="8">职业素养</td><td>考核项目</td><td>考核内容</td><td>自我评分
(×10%)</td><td>班组评分
(×30%)</td><td>教师评分
(×60%)</td><td>得　分</td></tr>
<tr><td>纪律
(20 分)</td><td>认真学习,不迟到,不早退,服从安排,打扫车间卫生。如有违反,一项扣 1～3 分</td><td></td><td></td><td></td><td></td></tr>
<tr><td>安全文明生产
(20 分)</td><td>安全着装,按要求操作车床。如有违反,一项扣 1～3 分</td><td></td><td></td><td></td><td></td></tr>
<tr><td>职业规范
(20 分)</td><td>爱护设备、量具,实训中工具、量具、刀具摆放整齐,给机床加油、清洁。如有违反,一项扣 1～3 分</td><td></td><td></td><td></td><td></td></tr>
<tr><td>现场要求
(20 分)</td><td>不玩手机,不大声喧哗,不打闹,课后清扫地面、设备,清理现场。如有违反,一项扣 1～3 分</td><td></td><td></td><td></td><td></td></tr>
<tr><td>工件安装校正考核
(20 分)</td><td>在规定的时间内完成工件的安装与校正。根据现场情况扣分</td><td></td><td></td><td></td><td></td></tr>
<tr><td>人伤械损事故</td><td>若出现人伤械损事故,整个项目成绩记 0 分。该项没有加分,只有减分</td><td></td><td></td><td></td><td></td></tr>
<tr><td colspan="2">总　　分</td><td></td><td></td><td></td><td></td></tr>
<tr><td colspan="2">备　注

(现场未尽事项记录)</td><td colspan="5"></td></tr>
<tr><td colspan="2">教师签字</td><td colspan="2"></td><td>学生签字</td><td colspan="2"></td></tr>
</table>

项目3　外圆车刀的刃磨

3.1　任务单

适用专业:机械设计与制造、数控技术、模具制造			适用年级:二年级	
任务名称:外圆车刀的刃磨			任务编号:R1-3	
学习小组:	姓名:	班级:	日期:	实训室: 车工实训室

一、任务描述

学生通过课题学习了解车刀的种类和用途,了解车刀的材料、几何形状及角度要求,掌握45°和90°外圆车刀的刃磨方法;接受有关的生产现场劳动纪律及安全生产教育,养成良好的职业素质。填写引导文相关的学习资料。

1. 车刀种类:可根据用途、形状、材料来分类,如图3-1所示。

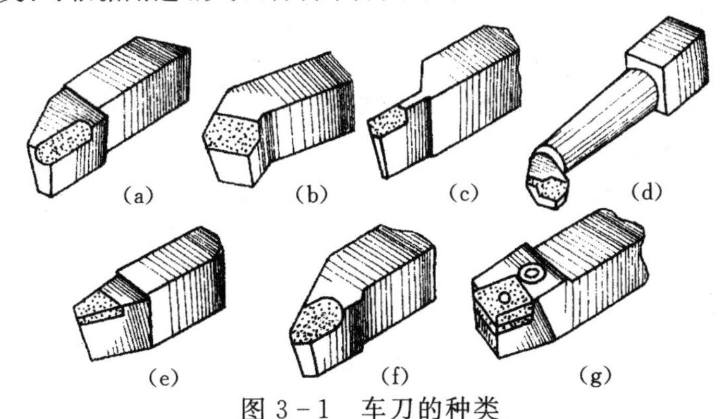

图3-1　车刀的种类

(a)90°偏刀;(b)端面车刀;(c)切断、切槽刀;(d)镗孔刀;(e)直头车刀;(f)螺纹车刀;(g)机夹不重磨式车刀

2. 车刀的组成:由刀头(见图3-2)和刀杆组成。

二、相关资料及资源

相关资料:

1. 教材《金工实训》[1]的绪论及项目3部分。
2. 教学课件。

相关资源:

1. 各种车刀模型、车刀几何形状及角度图。
2. 教学课件。

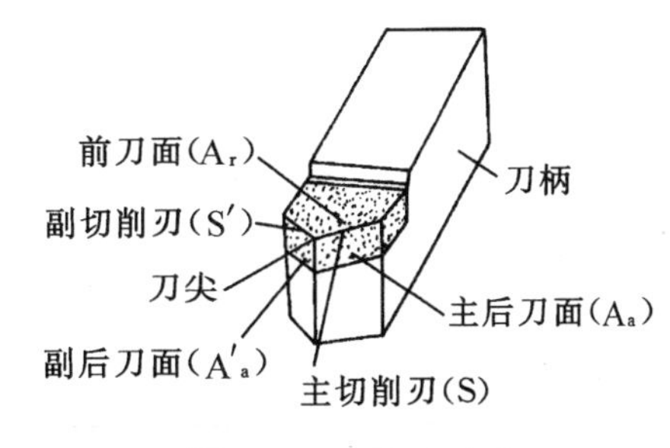

图3-2　车刀刀头

三、任务实施说明

1.学生分组,每小组5～8人。
2.小组进行任务分析。
3.资料学习。
4.现场教学。
5.小组讨论车刀刃磨时应注意的安全事项。
6.小组合作,进行车刀刃磨操作讲解演练,小组成员补充优化。
7.角色扮演,分小组进行讲解演示。
8.完成3.2引导文相关内容的填写。

四、任务实施注意点

1.注意观察各种车刀的特点及几何角度。
2.注意观察车刀刃磨示范操作方法。
3.注意安全操作练习。
4.遇到问题时小组进行讨论,可让老师参与讨论,通过团队合作使问题得到解决。
5.培养学生遵守6S相关规定:
(1)工、量、刀具要归类摆放整齐,不随意摆放。
(2)每班下课前清扫设备及场地。
(3)进入实训室必须按要求穿戴好实训服,女生必须戴好工作帽。未按要求着装者不得进入实训室。

五、知识拓展

1.通过查找资料等方式,了解车刀的种类和用途。
2.查找资料,了解机械加工用其他种类的刀具。

任务下发人:

日期:　　年　月　日

任务执行人:

日期:　　年　月　日

3.2 引导文

适用专业:机械设计与制造、数控技术、模具制造			适用年级:二年级	
任务名称:外圆车刀的刃磨			任务编号:R1-3	
学习小组:	姓名:	班级:	日期:	实训室: 车工实训室

一、明确任务目的

通过学习情境3[1]的学习,要求学生能够做到:

1.了解车刀的种类和用途。

2.掌握外圆车刀(45°和90°)的几何角度要求和刃磨方法。

3.掌握砂轮机的安全操作与使用方法。

4.遵守6S管理的相关规定。

二、引导问题

1.列举出车床上常用的车刀。

2.车刀的基本角度有几个?分别列举出来。

3.车刀的材料应具备什么样的性能?

4.刃磨车刀时怎样选择砂轮？

三、引导任务实施

根据3.1任务单说出刃磨车刀时应注意的事项。

四、评价

小组讨论设计本小组的学习评价表，相互评价，最后给出小组成员的得分。

任务学习的其他说明或建议：

指导老师评语：

任务完成人签字：

日期：　　年　月　日

指导老师签字：

日期：　　年　月　日

3.3　6S和现场操作评分表

学习项目名称			日　期			
姓　名			工位号			
开工时间			任　务			
职业素养	考核项目	考核内容	自我评分（×10%）	班组评分（×30%）	教师评分（×60%）	得　分
	纪律（20分）	认真学习，不迟到，不早退，服从安排，打扫车间卫生。如有违反，一项扣1～3分				
	安全文明生产（20分）	安全着装，按要求安全操作。如有违反，一项扣1～3分				
	职业规范（20分）	爱护设备、量具，实训中工具、量具、刀具摆放整齐，给机床加油、清洁。如有违反，一项扣1～3分				
	现场要求（20分）	不玩手机，不大声喧哗，不打闹，课后清扫地面、设备，清理现场。如有违反，一项扣1～3分				
	外圆车刀刃磨考核（20分）	按要求刃磨出合格的外圆车刀。根据现场情况扣分				
	人伤械损事故	若出现人伤械损事故，整个项目成绩记0分。该项没有加分，只有减分				
	总　分					
备　注（现场未尽事项记录）						
教师签字			学生签字			

项目 4　轴类零件的车削 1

4.1　任务单

适用专业:机械设计与制造、数控技术、模具制造			适用年级:二年级	
任务名称:轴类零件的车削 1			任务编号:R1-4	
学习小组:	姓名:	班级:	日期:	实训室: 车工实训室

一、任务描述

加工如图 4-1 所示的零件,数量为 1 件,毛坯为∅45 mm×120 mm 的 45#钢。要求学生通过实训了解车削相关知识和车削工艺安排,熟练掌握车床操作,掌握光滑圆柱轴(简称光轴)的加工方法和步骤,掌握游标卡尺和千分尺的使用。按练习图技术要求加工光滑圆柱轴,填写引导文、加工工序卡和相关的学习资料。

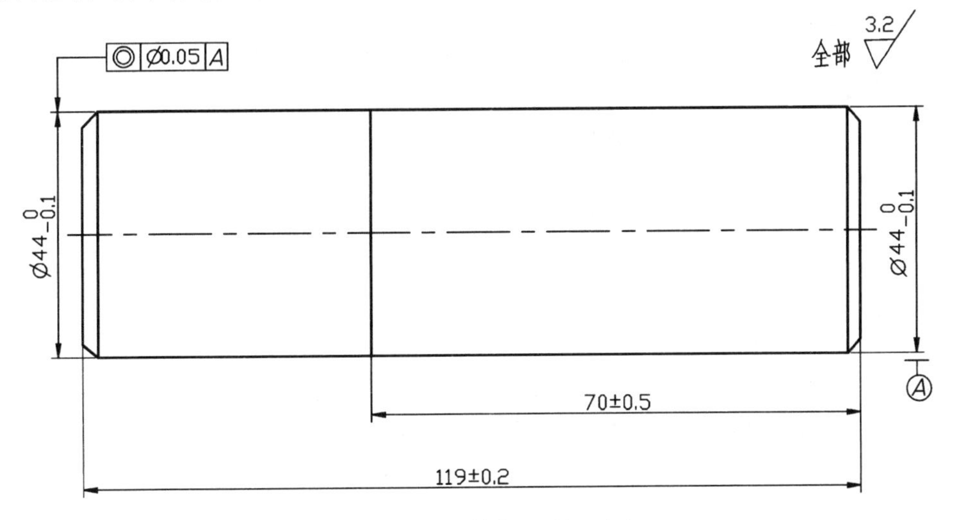

图 4-1　光轴加工练习图

二、相关资料及资源

相关资料:

1. 教材《金工实训》[1]的绪论及项目 4 部分。
2. 教学课件、教学录像。

相关资源:

1. 各种车刀、量具和车床。

2. 教学课件、教学录像。

三、任务实施说明

1. 学生分组，每小组 5～8 人。
2. 小组进行任务分析。
3. 资料学习。
4. 现场教学。
5. 小组讨论车削工件时应注意的安全事项。
6. 小组合作，进行工件车削操作讲解演练，小组成员补充优化。
7. 角色扮演，分小组进行讲解演示。
8. 完成 4.2 引导文相关内容的填写。

四、任务实施注意点

1. 了解车削三要素的合理选择。
2. 注意观察工件车削加工的操作方法。
3. 注意安全操作练习。
4. 遇到问题时小组进行讨论，可让老师参与讨论，通过团队合作使问题得到解决。
5. 培养学生遵守 6S 相关规定：

(1)工、量、刀具要归类摆放整齐，不随意摆放。

(2)每班下课前清扫设备及场地。

(3)进入实训室必须按要求穿戴好实训服，女生必须戴好工作帽。未按要求着装者不得进入实训室。

五、知识拓展

1. 通过查找资料等方式，了解车削原理和车削用量的选择。
2. 查找资料，了解其他工种机械加工的加工方法的填写。

任务下发人：

日期：　　年　月　日

任务执行人：

日期：　　年　月　日

4.2　引导文

<table>
<tr><td colspan="3">适用专业：机械设计与制造、数控技术、模具制造</td><td colspan="2">适用年级：二年级</td></tr>
<tr><td colspan="3">任务名称：轴类零件的车削1</td><td colspan="2">任务编号：R1-4</td></tr>
<tr><td>学习小组：</td><td>姓名：</td><td>班级：</td><td>日期：</td><td>实训室：
车工实训室</td></tr>
</table>

一、明确任务目的

通过学习情境4[1]的学习，要求学生能够做到：

1. 掌握工件和车刀的正确安装。
2. 能合理地选择切削用量。
3. 掌握外圆和端面的车削及调头接刀车削工件的方法。
4. 正确使用量具测量。
5. 安全文明实训。
6. 遵守6S管理的相关规定。

二、引导问题

1. 什么是切削三要素？怎样合理选择？试举例说明。

2. 车刀安装时应注意哪些问题？

3. 粗加工和精加工切削用量如何选择？

4. 分析积屑瘤产生的原因及其对加工过程的影响。

三、引导任务实施

1. 根据任务单给出的零件图，对零件的加工工艺进行分析。

2. 根据任务单给出的零件图，制订机械加工工艺方案。

3. 根据任务单给出的零件图，填写零件加工工序卡。

四、领料单

1. 每台车床一把游标卡尺、一把千分尺。
2. 每人一根∅45 mm×120 mm 的 45＃圆钢料。

五、评价

小组讨论设计本小组的学习评价表，相互评价，最后给出小组成员的得分。

任务学习的其他说明或建议：

指导老师评语：

任务完成人签字：

日期：　　年　月　日

指导老师签字：

日期：　　年　月　日

4.3 光轴加工工序卡

光轴加工工序卡	产品名称	零件名称	零件图号

工序号	程序编号	材料	数 量	夹具名称	使用设备	车 间

工步号	工步内容	切削用量				刀 具		量 具	
		V /(m/min)	n /(r/min)	f /(mm/r)	a_p /mm	编号	名称	编号	名称

编制		审核		批准		共 页	第 页

4.4 6S和现场操作评分表

<table>
<tr><td colspan="2">学习项目名称</td><td colspan="2"></td><td>日　期</td><td colspan="2"></td></tr>
<tr><td colspan="2">姓　名</td><td colspan="2"></td><td>工位号</td><td colspan="2"></td></tr>
<tr><td colspan="2">开工时间</td><td colspan="2"></td><td>任　务</td><td colspan="2"></td></tr>
<tr><td rowspan="8">职业素养</td><td>考核项目</td><td>考核内容</td><td>自我评分(×10%)</td><td>班组评分(×30%)</td><td>教师评分(×60%)</td><td>得　分</td></tr>
<tr><td>纪律(20分)</td><td>认真学习,不迟到,不早退,服从安排,打扫车间卫生。如有违反,一项扣1～3分</td><td></td><td></td><td></td><td></td></tr>
<tr><td>安全文明生产(20分)</td><td>安全着装,按要求操作车床。如有违反,一项扣1～3分</td><td></td><td></td><td></td><td></td></tr>
<tr><td>职业规范(20分)</td><td>爱护设备、量具,实训中工具、量具、刀具摆放整齐,给机床加油、清洁。如有违反,一项扣1～3分</td><td></td><td></td><td></td><td></td></tr>
<tr><td>现场要求(20分)</td><td>不玩手机,不大声喧哗,不打闹,课后清扫地面、设备,清理现场。如有违反,一项扣1～3分</td><td></td><td></td><td></td><td></td></tr>
<tr><td>工件车削加工考核(20分)</td><td>在规定的时间内完成工件的车削加工。根据现场情况扣分</td><td></td><td></td><td></td><td></td></tr>
<tr><td>人伤械损事故</td><td>若出现人伤械损事故,整个项目成绩记0分。该项没有加分,只有减分</td><td></td><td></td><td></td><td></td></tr>
<tr><td colspan="2">总　分</td><td></td><td></td><td></td><td></td></tr>
<tr><td colspan="2">备　注
(现场未尽事项记录)</td><td colspan="5"></td></tr>
<tr><td colspan="2">教师签字</td><td colspan="2"></td><td colspan="2">学生签字</td><td></td></tr>
</table>

4.5 零件检测评分表

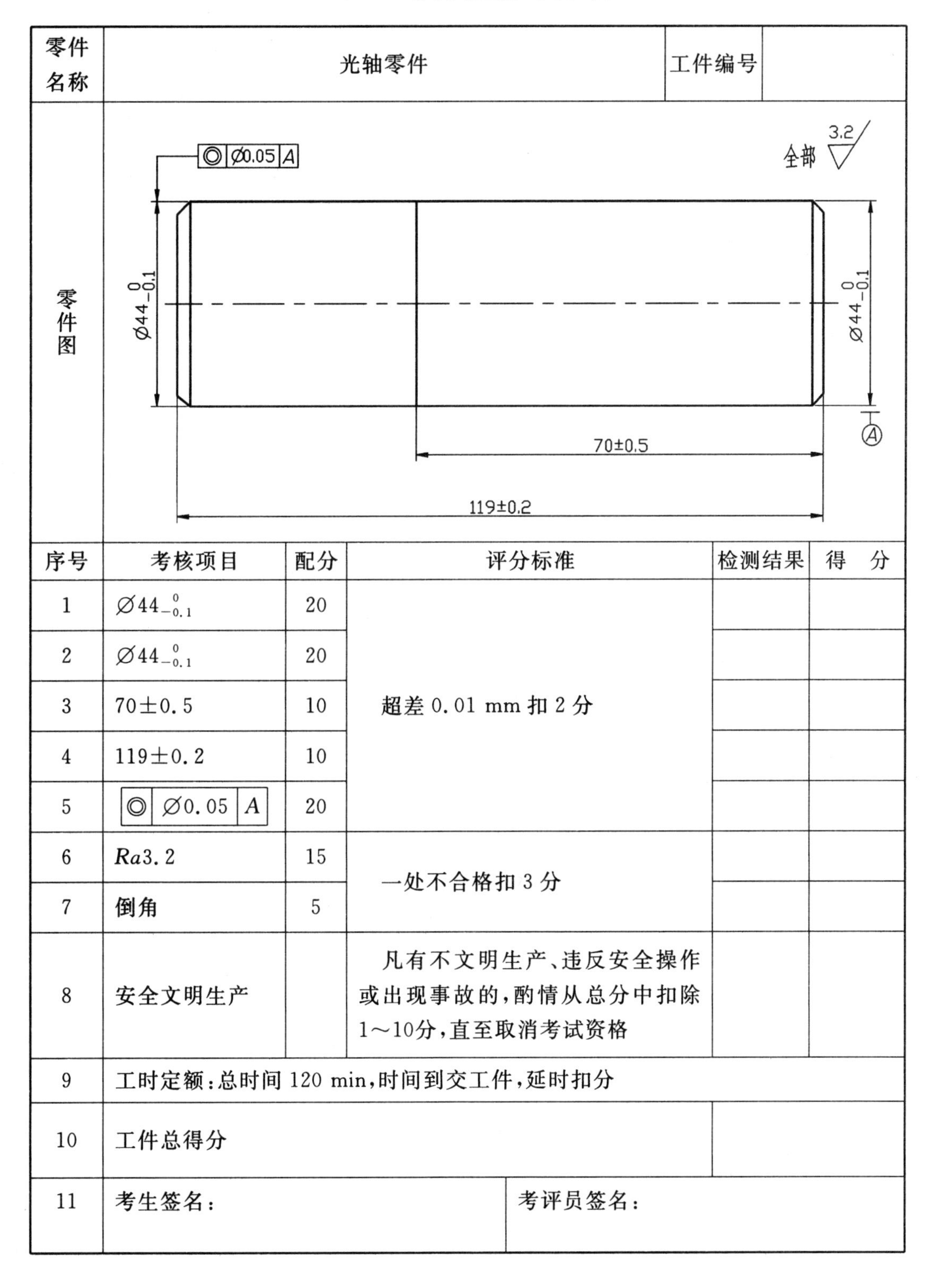

零件名称	光轴零件			工件编号	
零件图	$\varnothing44_{-0.1}^{0}$；◎ $\varnothing0.05$ A；全部 3.2；70±0.5；119±0.2；A				
序号	考核项目	配分	评分标准	检测结果	得分
1	$\varnothing44_{-0.1}^{0}$	20	超差 0.01 mm 扣 2 分		
2	$\varnothing44_{-0.1}^{0}$	20			
3	70±0.5	10			
4	119±0.2	10			
5	◎ $\varnothing0.05$ A	20			
6	$Ra3.2$	15	一处不合格扣 3 分		
7	倒角	5			
8	安全文明生产		凡有不文明生产、违反安全操作或出现事故的，酌情从总分中扣除1～10分，直至取消考试资格		
9	工时定额：总时间 120 min，时间到交工件，延时扣分				
10	工件总得分				
11	考生签名：			考评员签名：	

项目 5　轴类零件的车削 2

5.1　任务单

适用专业:机横设计与制造、数控技术、模具制造			适用年级:二年级	
任务名称:轴类零件的车削 2			任务编号:R1-5	
学习小组:	姓名:	班级:	日期:	实训室: 车工实训室

一、任务描述

加工如图 5-1 所示的台阶轴,数量为 1 件,毛坯用项目 4 加工成型的零件。要求学生了解车削的相关知识,掌握台阶轴零件的车削方法和常规量具的使用,学会编写车削加工工艺卡,接受有关生产现场劳动纪律及安全生产教育,养成良好的职业素质。

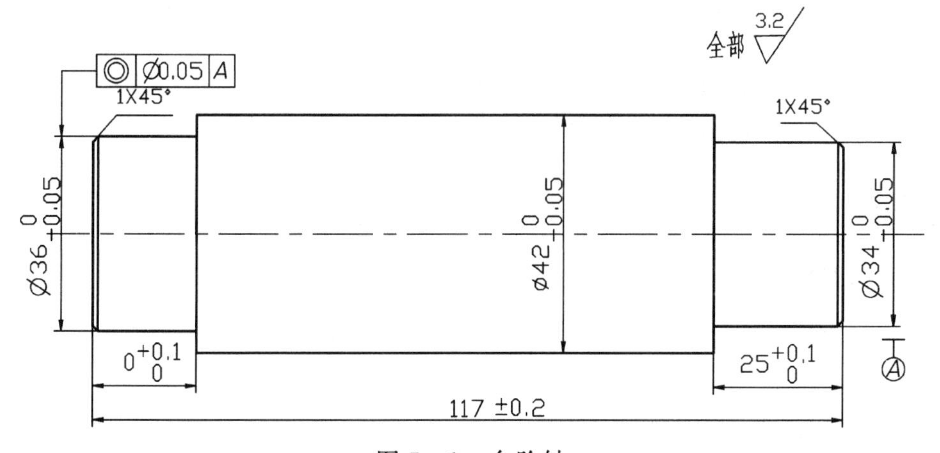

图 5-1　台阶轴

二、相关资料及资源

相关资料:

1. 教材《金工实训》[1]的绪论及项目 5 部分。
2. 教学课件。

相关资源:

1. 各种车刀、量具和车床。
2. 教学课件。

三、任务实施说明

1. 学生分组，每小组 5～8 人。
2. 小组进行任务分析。
3. 资料学习。
4. 现场教学。
5. 小组讨论车削工件时应注意的安全事项。
6. 小组合作，进行工件车削操作讲解演练，小组成员补充优化。
7. 角色扮演，分小组进行讲解演示。
8. 完成 5.2 引导文相关内容的填写。

四、任务实施注意点

1. 掌握车削三要素的合理选择。
2. 注意观察工件车削的操作方法。
3. 注意安全操作练习。
4. 遇到问题时小组进行讨论，可让老师参与讨论，通过团队合作使问题得到解决。
5. 培养学生遵守 6S 相关规定：

(1)工、量、刀具要归类摆放整齐，不随意摆放。

(2)每班下课前清扫设备及场地。

(3)进入实训室必须按要求穿戴好实训服，女生必须戴好工作帽。未按要求着装者不得进入实训室。

五、知识拓展

1. 通过查找资料等方式，了解车削原理和车削用量的选择。

2. 查找资料，了解其他工种机械加工的加工方法和特点。

任务下发人：

日期：　　年　月　日

任务执行人：

日期：　　年　月　日

5.2　引导文

<table>
<tr><td colspan="3">适用专业：机械设计与制造、数控技术、模具制造</td><td colspan="2">适用年级：二年级</td></tr>
<tr><td colspan="3">任务名称：轴类零件的车削2</td><td colspan="2">任务编号：R1－5</td></tr>
<tr><td>学习小组：</td><td>姓名：</td><td>班级：</td><td>日期：</td><td>实训室：
车工实训室</td></tr>
</table>

一、明确任务目的

通过学习情境5[1]的学习，要求学生能够做到：

1. 掌握工件和车刀的正确安装。
2. 能合理地选择切削用量。
3. 掌握台阶轴的车削方法。
4. 正确使用量具测量。
5. 安全文明实训。
6. 遵守6S管理的相关规定。

二、引导问题

1. 车削轴类零件时怎样保证零件的同轴度？

2. 加工过程中零件表面硬化是怎样产生的？

三、引导任务实施

1. 根据任务单给出的零件图，对零件的加工工艺进行分析。

2. 根据任务单给出的零件图，制订机械加工工艺方案。

3. 根据任务单给出的零件图，填写零件加工工序卡。

四、领料单

1. 每台车床一把游标卡尺、一把千分尺。
2. 每人一根材料(项目4加工成型的零件)。

五、评价

小组讨论设计本小组的学习评价表，相互评价，最后给出小组成员的得分。

任务学习的其他说明或建议：

指导老师评语：

任务完成人签字：

日期：　　年　月　日

指导老师签字：

日期：　　年　月　日

5.3　台阶轴加工工序卡

台阶轴加工工序卡				产品名称	零件名称	零件图号
工序号	程序编号	材料	数　量	夹具名称	使用设备	车　间

工步号	工步内容	切削用量				刀　具		量　具	
		V /(m/min)	n /(r/min)	f /(mm/r)	a_p /mm	编号	名称	编号	名称

编制		审核		批准		共　页	第　页

5.4　6S 和现场操作评分表

<table>
<tr><td colspan="2">学习项目名称</td><td></td><td colspan="2">日　　期</td><td colspan="2"></td></tr>
<tr><td colspan="2">姓　　名</td><td></td><td colspan="2">工 位 号</td><td colspan="2"></td></tr>
<tr><td colspan="2">开工时间</td><td></td><td colspan="2">任　　务</td><td colspan="2"></td></tr>
<tr><td rowspan="8">职业素养</td><td>考核项目</td><td>考核内容</td><td>自我评分
(×10%)</td><td>班组评分
(×30%)</td><td>教师评分
(×60%)</td><td>得　分</td></tr>
<tr><td>纪律
(20 分)</td><td>认真学习,不迟到,不早退,服从安排,打扫车间卫生。如有违反,一项扣 1～3 分</td><td></td><td></td><td></td><td></td></tr>
<tr><td>安全文明生产
(20 分)</td><td>安全着装,按要求操作车床。如有违反,一项扣 1～3 分</td><td></td><td></td><td></td><td></td></tr>
<tr><td>职业规范
(20 分)</td><td>爱护设备、量具,实训中工具、量具、刀具摆放整齐,给机床加油、清洁。如有违反,一项扣 1～3 分</td><td></td><td></td><td></td><td></td></tr>
<tr><td>现场要求
(20 分)</td><td>不玩手机,不大声喧哗,不打闹,课后清扫地面、设备,清理现场。如有违反,一项扣 1～3 分</td><td></td><td></td><td></td><td></td></tr>
<tr><td>工件车削加工考核
(20 分)</td><td>在规定的时间内完成工件的车削加工。根据现场情况扣分</td><td></td><td></td><td></td><td></td></tr>
<tr><td>人伤械损事故</td><td>若出现人伤械损事故,整个项目成绩记 0 分。该项没有加分,只有减分</td><td></td><td></td><td></td><td></td></tr>
<tr><td colspan="2">总　　分</td><td></td><td></td><td></td><td></td></tr>
<tr><td colspan="2">备　注
(现场未尽事项记录)</td><td colspan="5"></td></tr>
<tr><td colspan="2">教师签字</td><td></td><td colspan="2">学生签字</td><td colspan="2"></td></tr>
</table>

5.5　零件检测评分表

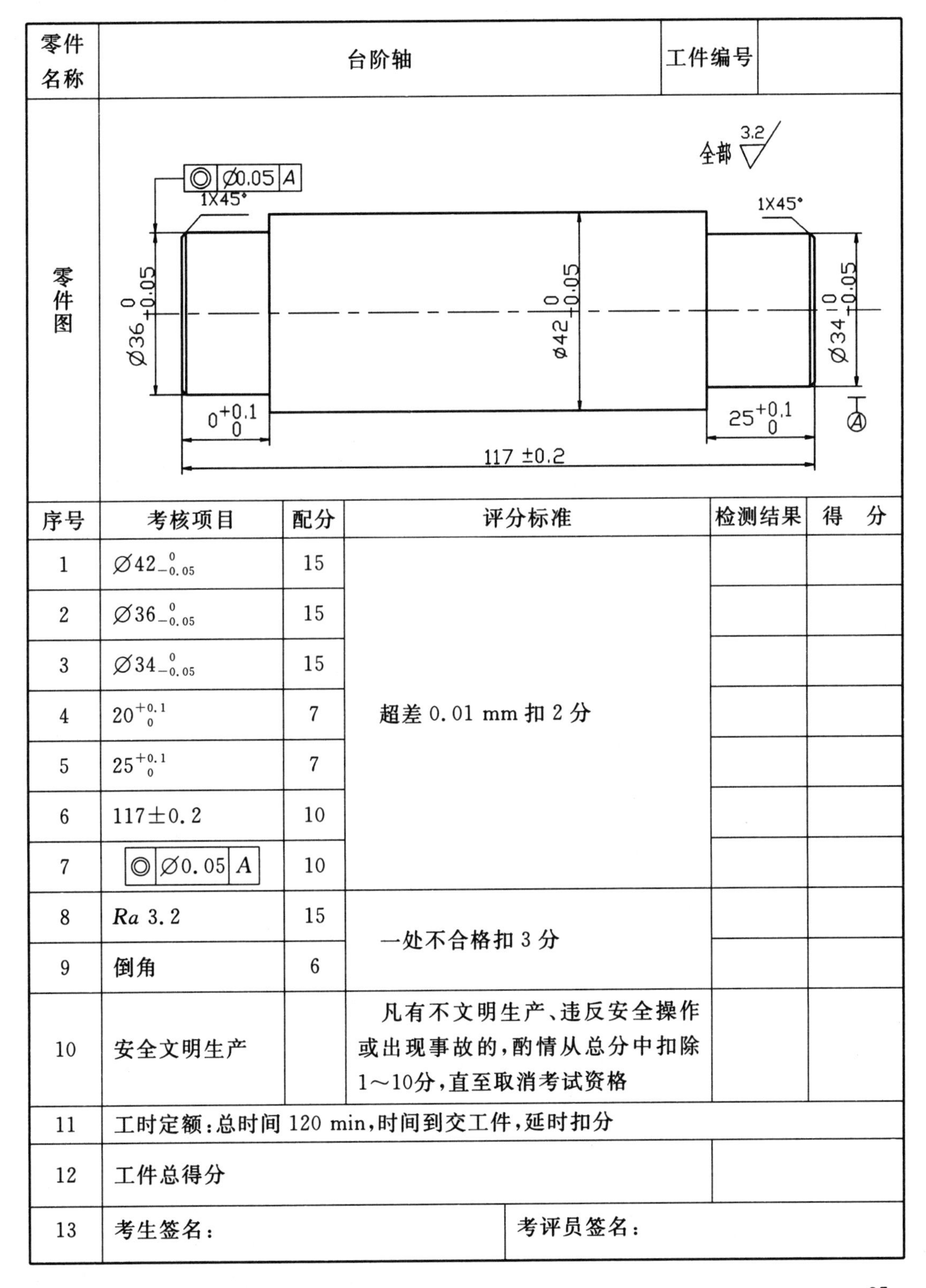

零件名称	台阶轴			工件编号	
零件图					
序号	考核项目	配分	评分标准	检测结果	得　分
1	$\varnothing 42_{-0.05}^{0}$	15	超差 0.01 mm 扣 2 分		
2	$\varnothing 36_{-0.05}^{0}$	15			
3	$\varnothing 34_{-0.05}^{0}$	15			
4	$20_{0}^{+0.1}$	7			
5	$25_{0}^{+0.1}$	7			
6	117±0.2	10			
7	◎ Ø0.05 A	10			
8	*Ra* 3.2	15	一处不合格扣 3 分		
9	倒角	6			
10	安全文明生产		凡有不文明生产、违反安全操作或出现事故的，酌情从总分中扣除1～10分，直至取消考试资格		
11	工时定额：总时间 120 min，时间到交工件，延时扣分				
12	工件总得分				
13	考生签名：			考评员签名：	

项目 6　圆锥面的车削

6.1　任务单

适用专业:机械设计与制造、数控技术、模具制造			适用年级:二年级	
任务名称:圆锥面的车削			任务编号:R1－6	
学习小组:	姓名:	班级:	日期:	实训室: 车工实训室

一、任务描述

加工如图 6－1 所示的圆锥轴,数量为 1 件,毛坯用项目 5 加工成型的零件。要求学生掌握圆锥面车削加工相关参数的计算,掌握转动小拖板车削圆锥面的方法,填写加工工艺卡和相关的学习资料,能够按照图样技术要求加工出合格的零件。

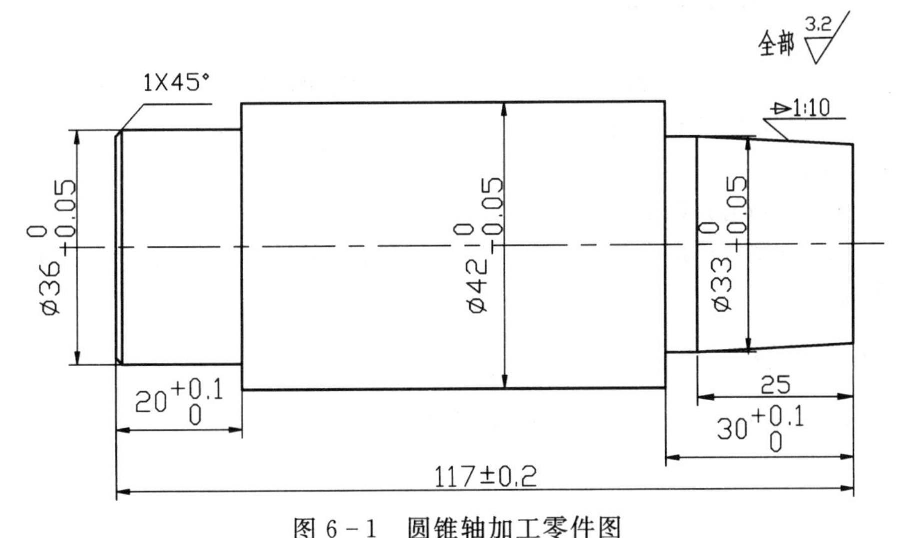

图 6－1　圆锥轴加工零件图

二、相关资料及资源

相关资料:

1. 教材《金工实训》[1]的绪论及项目 6 部分。
2. 教学课件。

相关资源:

1. 零件图。
2. 教学课件。

三、任务实施说明

1. 学生分组，每小组5～8人。
2. 小组进行任务分析。
3. 资料学习。
4. 现场教学。
5. 小组讨论圆锥轴车削加工的工艺路线。
6. 小组合作，进行圆锥车削操作讲解演练，小组成员补充优化。
7. 角色扮演，分小组进行讲解演示。
8. 完成6.2引导文相关内容的填写。

四、任务实施注意点

1. 掌握转动小滑板车削圆锥面的方法。
2. 注意加工零件尺寸的控制。
3. 掌握万能角度尺的使用。
4. 注意安全操作练习。
5. 遇到问题时小组进行讨论，可让老师参与讨论，通过团队合作使问题得到解决。
6. 培养学生遵守6S相关规定：

(1)工、量、刀具要归类摆放整齐，不随意摆放。

(2)每班下课前清扫设备及场地。

(3)进入实训室必须按要求穿戴好实训服，女生必须戴好工作帽。未按要求着装者不得进入实训室。

五、知识拓展

1. 通过查找资料等方式，了解车削圆锥的几种方法。

2. 通过查找资料，了解圆锥检测的几种方法。

任务下发人：

日期：　　年　月　日

任务执行人：

日期：　　年　月　日

6.2 引导文

<table>
<tr><td colspan="3">适用专业:机械设计与制造、数控技术、模具制造</td><td colspan="2">适用年级:二年级</td></tr>
<tr><td colspan="3">任务名称:圆锥面的车削</td><td colspan="2">任务编号:R1-6</td></tr>
<tr><td>学习小组:</td><td>姓名:</td><td>班级:</td><td>日期:</td><td>实训室:
车工实训室</td></tr>
</table>

一、明确任务目的

通过学习情境6[1]的学习,要求学生能够做到:

1. 掌握圆锥尺寸的相关计算。
2. 掌握转动小滑板车削圆锥的方法。
3. 掌握圆锥测量检查方法。
4. 安全文明实训。
5. 遵守6S管理的相关规定。

二、引导问题

1. 列举出几种在机械制造业中用到圆锥的地方。

2. 写出圆锥尺寸中D、d、L、α之间的关系。

3. 加工圆锥时应注意哪些问题?

三、引导任务实施

1. 根据任务单给出的零件图，对零件的加工工艺进行分析。

2. 根据任务单给出的零件图，制订机械加工工艺方案。

3. 根据任务单给出的零件图，填写零件加工工序卡。

四、领料单

1. 每台车床一把游标卡尺、一把千分尺、万能角度尺若干。
2. 每人一根材料（项目 5 加工成型的零件）。

五、评价

小组讨论设计本小组的学习评价表，相互评价，最后给出小组成员的得分。

任务学习的其他说明或建议：

指导老师评语：

任务完成人签字：

日期：　　年　月　日

指导老师签字：

日期：　　年　月　日

6.3　圆锥轴加工工序卡

圆锥轴加工工序卡	产品名称	零件名称	零件图号

工序号	程序编号	材料	数　量	夹具名称	使用设备	车　间

工步号	工步内容	切削用量				刀　具		量　具	
		V /(m/min)	n /(r/min)	f /(mm/r)	a_p /mm	编号	名称	编号	名称

编制		审核		批准		共　页	第　页

6.4 6S和现场操作评分表

<table>
<tr><td colspan="2">学习项目名称</td><td></td><td>日　　期</td><td colspan="3"></td></tr>
<tr><td colspan="2">姓　　名</td><td></td><td>工 位 号</td><td colspan="3"></td></tr>
<tr><td colspan="2">开工时间</td><td></td><td>任　　务</td><td colspan="3"></td></tr>
<tr><td rowspan="8">职业素养</td><td>考核项目</td><td>考核内容</td><td>自我评分（×10%）</td><td>班组评分（×30%）</td><td>教师评分（×60%）</td><td>得　分</td></tr>
<tr><td>纪律（20分）</td><td>认真学习，不迟到，不早退，服从安排，打扫车间卫生。如有违反，一项扣1～3分</td><td></td><td></td><td></td><td></td></tr>
<tr><td>安全文明生产（20分）</td><td>安全着装，按要求操作车床。如有违反，一项扣1～3分</td><td></td><td></td><td></td><td></td></tr>
<tr><td>职业规范（20分）</td><td>爱护设备、量具，实训中工具、量具、刀具摆放整齐，给机床加油、清洁。如有违反，一项扣1～3分</td><td></td><td></td><td></td><td></td></tr>
<tr><td>现场要求（20分）</td><td>不玩手机，不大声喧哗，不打闹，课后清扫地面、设备，清理现场。如有违反，一项扣1～3分</td><td></td><td></td><td></td><td></td></tr>
<tr><td>工件车削加工考核（20分）</td><td>在规定的时间内完成工件的车削加工。根据现场情况扣分</td><td></td><td></td><td></td><td></td></tr>
<tr><td>人伤械损事故</td><td>若出现人伤械损事故，整个项目成绩记0分。该项没有加分，只有减分</td><td></td><td></td><td></td><td></td></tr>
<tr><td colspan="2">总　　分</td><td></td><td></td><td></td><td></td></tr>
<tr><td colspan="2">备　注
（现场未尽事项记录）</td><td colspan="5"></td></tr>
<tr><td colspan="2">教师签字</td><td></td><td colspan="2">学生签字</td><td colspan="2"></td></tr>
</table>

6.5　零件检测评分表

零件名称	圆锥轴		工件编号		
零件图	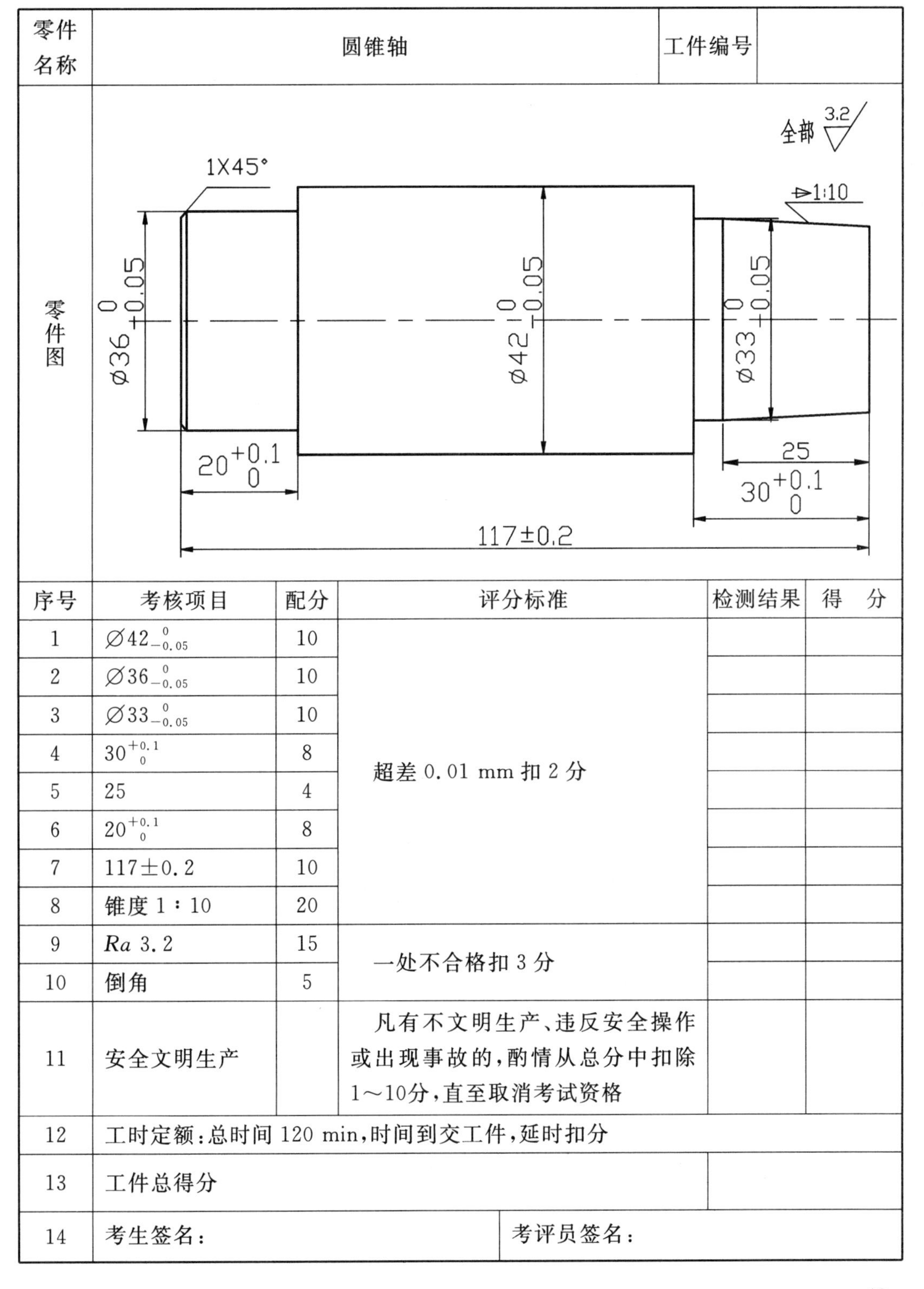				
序号	考核项目	配分	评分标准	检测结果	得　分
1	$\varnothing 42_{-0.05}^{\ 0}$	10	超差 0.01 mm 扣 2 分		
2	$\varnothing 36_{-0.05}^{\ 0}$	10			
3	$\varnothing 33_{-0.05}^{\ 0}$	10			
4	$30_{\ 0}^{+0.1}$	8			
5	25	4			
6	$20_{\ 0}^{+0.1}$	8			
7	117±0.2	10			
8	锥度 1∶10	20			
9	*Ra* 3.2	15	一处不合格扣 3 分		
10	倒角	5			
11	安全文明生产		凡有不文明生产、违反安全操作或出现事故的，酌情从总分中扣除1～10分，直至取消考试资格		
12	工时定额：总时间 120 min，时间到交工件，延时扣分				
13	工件总得分				
14	考生签名：			考评员签名：	

项目 7　切槽与切断

7.1　任务单

适用专业：机械设计与制造、数控技术、模具制造			适用年级：二年级	
任务名称：切槽与切断			任务编号：R1－7	
学习小组：	姓名：	班级：	日期：	实训室： 车工实训室

一、任务描述

加工如 7－1 所示的零件，加工数量为 1 件，毛坯用项目 6 加工成型的零件。要求学生了解切槽刀的几何形状和刃磨要求，掌握外沟槽的加工方法和工件的切断。填写加工工艺卡和相关的学习资料，能够按图纸上技术要求加工出合格的零件。

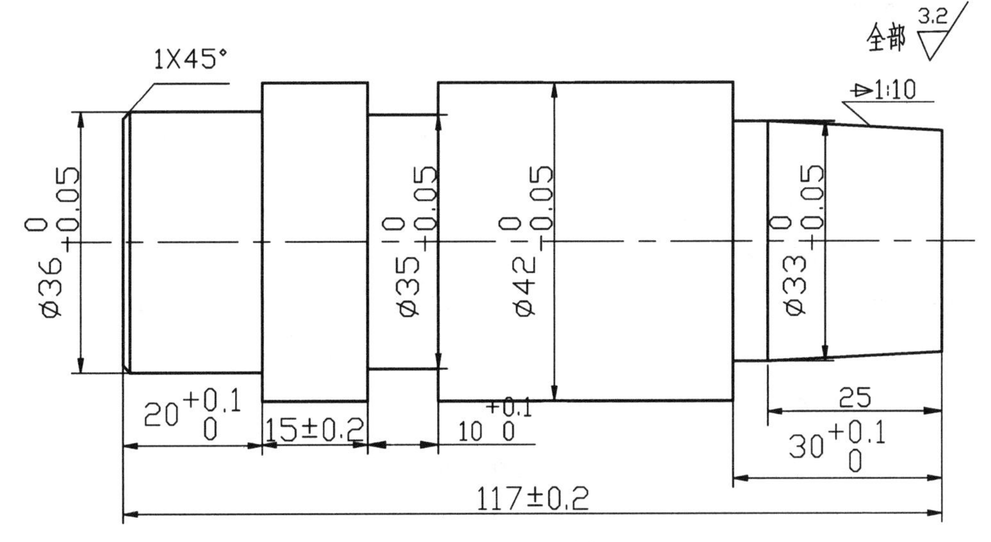

图 7－1　外沟槽轴

二、相关资料及资源

相关资料：

1. 教材《金工实训》[1]的绪论及项目 7 部分。
2. 教学课件。

相关资源：

1. 零件图。
2. 教学课件。

三、任务实施说明

1. 学生分组，每小组 5～8 人。
2. 小组进行任务分析。
3. 资料学习。
4. 现场教学。
5. 小组讨论外沟槽车削加工的工艺路线。
6. 小组合作，进行外沟槽车削操作讲解演练，小组成员补充优化。
7. 角色扮演，分小组进行讲解演示。
8. 完成 7.2 引导文相关内容与填写。

四、任务实施注意点

1. 了解切断刀的几何形状与角度要求。
2. 了解切断刀的刃磨要求与刃磨方法。
3. 掌握外矩形槽的车削。
4. 掌握工件的切断。
5. 注意安全操作练习。
6. 遇到问题时小组进行讨论，可让老师参与讨论，通过团队合作使问题得到解决。
7. 培养学生遵守 6S 相关规定：

(1)工、量、刀具要归类摆放整齐，不随意摆放。

(2)每班下课前清扫设备及场地。

(3)进入实训室必须按要求穿戴好实训服，女生必须戴好工作帽。未按要求着装者不得进入实训室。

五、知识拓展

1. 通过查找资料等方式，了解外沟槽的种类和用途。

2. 列出切断时应注意的事项。

任务下发人：

日期：　　年　月　日

任务执行人：

日期：　　年　月　日

7.2　引导文

<table>
<tr><td colspan="3">适用专业:机械设计与制造、数控技术、模具制造</td><td colspan="2">适用年级:二年级</td></tr>
<tr><td colspan="3">任务名称:切槽与切断</td><td colspan="2">任务编号:R1-7</td></tr>
<tr><td>学习小组:</td><td>姓名:</td><td>班级:</td><td>日期:</td><td>实训室:
车工实训室</td></tr>
</table>

一、明确任务目的

通过学习情境 7[1] 的学习,要求学生能够做到:

1. 了解切断刀的几何形状与角度要求。
2. 了解切断刀的刃磨要求与刃磨方法。
3. 掌握外矩形槽的车削方法。
4. 掌握工件的切断方法。
5. 安全文明实训。

二、引导问题

1. 切刀的几何角度有哪些要求?

2. 切刀安装时应注意哪些问题?

3. 切槽时切削用量如何选择?

三、引导任务实施

1. 根据任务单给出的零件图，对零件图的加工工艺进行分析。

2. 根据任务单给出的零件图，制订机械加工工艺方案。

3. 根据任务单给出的零件图，填写零件加工工序卡。

四、领料单

1. 每台车床一把游标卡尺、一把千分尺。
2. 高速钢镶钢切刀若干把。
3. 每人一根材料(项目 6 加工成型的零件)。

五、评价

小组讨论设计本小组的学习评价表，相互评价，最后给出小组成员的得分。

任务学习的其他说明或建议：

指导老师评语：

任务完成人签字：

日期：　　年　月　日

指导老师签字：

日期：　　年　月　日

7.3　切槽加工工序卡

<table>
<tr><td colspan="4" rowspan="2">切槽加工工序卡</td><td>产品名称</td><td>零件名称</td><td>零件图号</td></tr>
<tr><td></td><td></td><td></td></tr>
<tr><td>工序号</td><td>程序编号</td><td>材料</td><td>数　量</td><td>夹具名称</td><td>使用设备</td><td>车　间</td></tr>
<tr><td></td><td></td><td></td><td></td><td></td><td></td><td></td></tr>
</table>

<table>
<tr><td rowspan="2">工步号</td><td rowspan="2">工步内容</td><td colspan="4">切削用量</td><td colspan="2">刀　具</td><td colspan="2">量　具</td></tr>
<tr><td>V
/(m/min)</td><td>n
/(r/min)</td><td>f
/(mm/r)</td><td>a_p
/mm</td><td>编号</td><td>名称</td><td>编号</td><td>名称</td></tr>
<tr><td></td><td></td><td></td><td></td><td></td><td></td><td></td><td></td><td></td><td></td></tr>
<tr><td></td><td></td><td></td><td></td><td></td><td></td><td></td><td></td><td></td><td></td></tr>
<tr><td></td><td></td><td></td><td></td><td></td><td></td><td></td><td></td><td></td><td></td></tr>
<tr><td></td><td></td><td></td><td></td><td></td><td></td><td></td><td></td><td></td><td></td></tr>
<tr><td></td><td></td><td></td><td></td><td></td><td></td><td></td><td></td><td></td><td></td></tr>
<tr><td></td><td></td><td></td><td></td><td></td><td></td><td></td><td></td><td></td><td></td></tr>
<tr><td></td><td></td><td></td><td></td><td></td><td></td><td></td><td></td><td></td><td></td></tr>
<tr><td></td><td></td><td></td><td></td><td></td><td></td><td></td><td></td><td></td><td></td></tr>
<tr><td></td><td></td><td></td><td></td><td></td><td></td><td></td><td></td><td></td><td></td></tr>
<tr><td></td><td></td><td></td><td></td><td></td><td></td><td></td><td></td><td></td><td></td></tr>
<tr><td></td><td></td><td></td><td></td><td></td><td></td><td></td><td></td><td></td><td></td></tr>
<tr><td></td><td></td><td></td><td></td><td></td><td></td><td></td><td></td><td></td><td></td></tr>
<tr><td></td><td></td><td></td><td></td><td></td><td></td><td></td><td></td><td></td><td></td></tr>
<tr><td></td><td></td><td></td><td></td><td></td><td></td><td></td><td></td><td></td><td></td></tr>
<tr><td></td><td></td><td></td><td></td><td></td><td></td><td></td><td></td><td></td><td></td></tr>
</table>

编制		审核		批准		共　页	第　页

7.4 6S和现场操作评分表

<table>
<tr><td colspan="2">学习项目名称</td><td></td><td colspan="2">日　　期</td><td colspan="2"></td></tr>
<tr><td colspan="2">姓　　名</td><td></td><td colspan="2">工 位 号</td><td colspan="2"></td></tr>
<tr><td colspan="2">开工时间</td><td></td><td colspan="2">任　　务</td><td colspan="2"></td></tr>
<tr><td rowspan="8">职业素养</td><td>考核项目</td><td>考核内容</td><td>自我评分
(×10%)</td><td>班组评分
(×30%)</td><td>教师评分
(×60%)</td><td>得　分</td></tr>
<tr><td>纪律
(20分)</td><td>不迟到，不早退，服从安排，打扫车间卫生。如有违反，一项扣1～3分</td><td></td><td></td><td></td><td></td></tr>
<tr><td>安全文明生产
(20分)</td><td>安全着装，按要求操作车床。如有违反，一项扣1～3分</td><td></td><td></td><td></td><td></td></tr>
<tr><td>职业规范
(20分)</td><td>爱护设备、量具，实训中工具、量具、刀具摆放整齐，给机床加油、清洁。如有违反，一项扣1～3分</td><td></td><td></td><td></td><td></td></tr>
<tr><td>现场要求
(20分)</td><td>不玩手机，不大声喧哗，不打闹，课后清扫地面、设备，清理现场。如有违反，一项扣1～3分</td><td></td><td></td><td></td><td></td></tr>
<tr><td>工件车削加工考核
(20分)</td><td>在规定的时间内完成工件的车削加工。根据现场情况扣分</td><td></td><td></td><td></td><td></td></tr>
<tr><td>人伤械损事故</td><td>若出现人伤械损事故，整个项目成绩记0分。该项没有加分，只有减分</td><td></td><td></td><td></td><td></td></tr>
<tr><td colspan="2">总　　分</td><td></td><td></td><td></td><td></td></tr>
<tr><td colspan="2">备　注
(现场未尽事项记录)</td><td colspan="5"></td></tr>
<tr><td colspan="2">教师签字</td><td></td><td colspan="2">学生签字</td><td colspan="2"></td></tr>
</table>

7.5　零件检测评分表

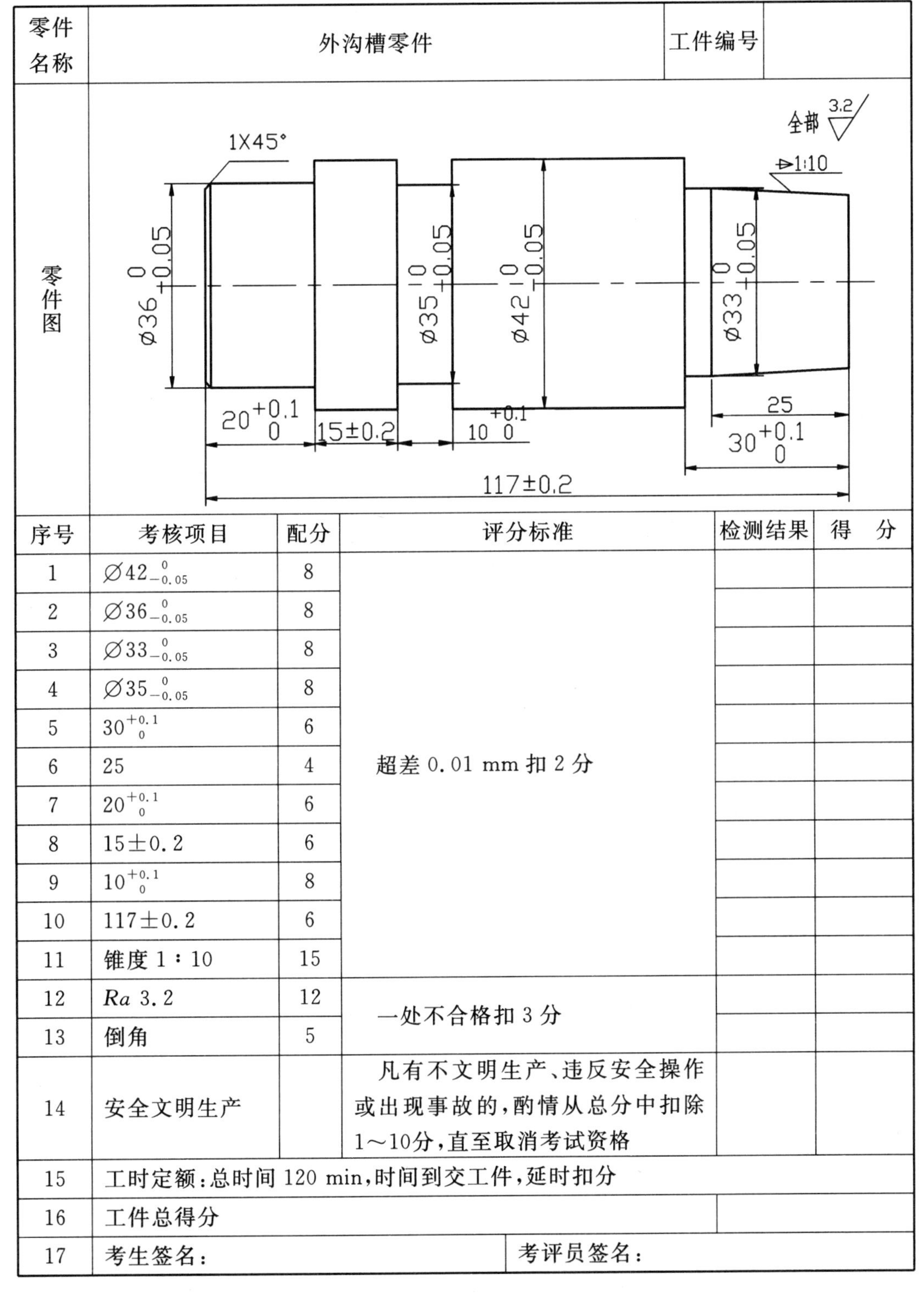

零件名称	外沟槽零件			工件编号	
零件图					
序号	考核项目	配分	评分标准	检测结果	得　分
1	$\varnothing 42_{-0.05}^{0}$	8	超差 0.01 mm 扣 2 分		
2	$\varnothing 36_{-0.05}^{0}$	8			
3	$\varnothing 33_{-0.05}^{0}$	8			
4	$\varnothing 35_{-0.05}^{0}$	8			
5	$30_{0}^{+0.1}$	6			
6	25	4			
7	$20_{0}^{+0.1}$	6			
8	15±0.2	6			
9	$10_{0}^{+0.1}$	8			
10	117±0.2	6			
11	锥度 1∶10	15			
12	*Ra* 3.2	12	一处不合格扣 3 分		
13	倒角	5			
14	安全文明生产		凡有不文明生产、违反安全操作或出现事故的，酌情从总分中扣除1～10分，直至取消考试资格		
15	工时定额：总时间 120 min，时间到交工件，延时扣分				
16	工件总得分				
17	考生签名：			考评员签名：	

项目 8　三角螺纹车刀的刃磨

8.1　任务单

<table>
<tr><td colspan="3">适用专业：机械设计与制造、数控技术、模具制造</td><td colspan="2">适用年级：二年级</td></tr>
<tr><td colspan="3">任务名称：三角螺纹车刀的刃磨</td><td colspan="2">任务编号：R1－8</td></tr>
<tr><td>学习小组：</td><td>姓名：</td><td>班级：</td><td>日期：</td><td>实训室：
车工实训室</td></tr>
</table>

一、任务描述

通过项目实训，了解内外三角螺纹车刀(见图 8－1)的几何形状及角度要求，掌握外三角螺纹车刀的刃磨、修正及检查方法，填写相关的学习资料。

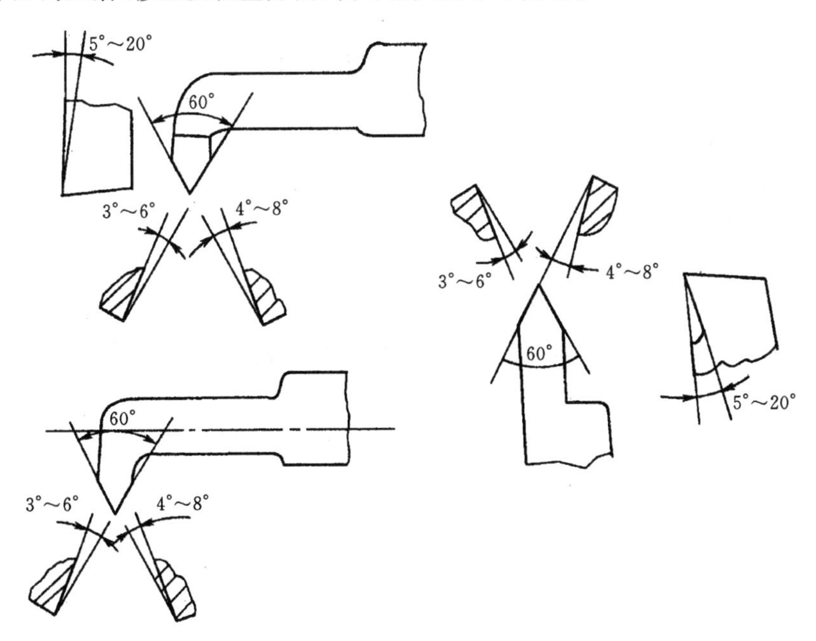

图 8－1　内、外三角螺纹车刀

二、相关资料及资源

相关资料：

1. 教材《金工实训》[1]的绪论及项目 8 部分。
2. 教学课件。

相关资源：

1. 零件图。

2.教学课件。

三、任务实施说明

1.学生分组,每小组5～8人。
2.小组进行任务分析。
3.资料学习。
4.现场教学。
5.小组讨论外三角螺纹车刀刃磨技巧。
6.小组合作,进行外三角螺纹车刀刃磨操作讲解演练,小组成员补充优化。
7.角色扮演,分小组进行讲解演示。
8.完成8.2引导文相关内容的填写。

四、任务实施注意点

1.了解三角螺纹车刀的基本角度及刃磨要求。
2.掌握三角螺纹车刀的刃磨方法和牙形角的检查方法。
3.基本能刃磨好外三角螺纹车刀,各几何角度基本正确。
4.注意安全操作练习。
5.遇到问题时小组进行讨论,可让老师参与讨论,通过团队合作使问题得到解决。
6.培养学生遵守6S相关规定:
(1)工、量、刀具要归类摆放整齐,不随意摆放。
(2)每班下课前清扫设备及场地。
(3)进入实训室必须按要求穿戴好实训服,女生必须戴好工作帽。未按要求着装者不得进入实训室。

五、知识拓展

1.通过查找资料等方式,了解螺纹车刀的种类和用途。

2.加工螺纹的刀具有哪些种类?

任务下发人:

日期:　　年　月　日

任务执行人:

日期:　　年　月　日

8.2　引导文

<table>
<tr><td colspan="3">适用专业：机械设计与制造、数控技术、模具制造</td><td colspan="2">适用年级：二年级</td></tr>
<tr><td colspan="3">任务名称：三角螺纹车刀的刃磨</td><td colspan="2">任务编号：R1－8</td></tr>
<tr><td>学习小组：</td><td>姓名：</td><td>班级：</td><td>日期：</td><td>实训室：
车工实训室</td></tr>
</table>

一、明确任务目的

通过学习情境8[1]的学习，要求学生能够做到：

1. 知道外三角螺纹车刀的基本角度。
2. 掌握三角螺纹车刀的刃磨方法和牙形角的检查方法。
3. 遵守6S管理，做到安全文明实训。

二、引导问题

1. 外三角螺纹车刀的几何角度有哪些？

2. 外三角螺纹车刀安装时应注意哪些细节？

3. 如何对刃磨好的外三角螺纹车刀进行检测？

三、引导任务实施

根据任务单，按要求刃磨出合格的车刀。

四、评价

小组讨论设计本小组的学习评价表，相互评价，最后给出小组成员的得分。

任务学习的其他说明或建议：

指导老师评语：

任务完成人签字：

日期：　　年　月　日

指导老师签字：

日期：　　年　月　日

8.3　6S 和现场操作评分表

<table>
<tr><td colspan="2">学习项目名称</td><td></td><td colspan="2">日　　期</td><td colspan="2"></td></tr>
<tr><td colspan="2">姓　　名</td><td></td><td colspan="2">工 位 号</td><td colspan="2"></td></tr>
<tr><td colspan="2">开工时间</td><td></td><td colspan="2">任　　务</td><td colspan="2"></td></tr>
<tr><td rowspan="8">职业素养</td><td>考核项目</td><td>考核内容</td><td>自我评分
(×10%)</td><td>班组评分
(×30%)</td><td>教师评分
(×60%)</td><td>得　分</td></tr>
<tr><td>纪律
(20 分)</td><td>不迟到,不早退,服从安排,打扫车间卫生。如有违反,一项扣 1～3 分</td><td></td><td></td><td></td><td></td></tr>
<tr><td>安全文明生产
(20 分)</td><td>安全着装,按要求操作车床。如有违反,一项扣 1～3 分</td><td></td><td></td><td></td><td></td></tr>
<tr><td>职业规范
(20 分)</td><td>爱护设备、量具,实训中工具、量具、刀具摆放整齐,给机床加油、清洁。如有违反,一项扣 1～3 分</td><td></td><td></td><td></td><td></td></tr>
<tr><td>现场要求
(20 分)</td><td>不玩手机,不大声喧哗,不打闹,课后清扫地面、设备,清理现场。如有违反,一项扣 1～3 分</td><td></td><td></td><td></td><td></td></tr>
<tr><td>车刀刃磨考核
(20 分)</td><td>在规定的时间内完成三角螺纹车刀刃磨。根据现场情况扣分</td><td></td><td></td><td></td><td></td></tr>
<tr><td>人伤械损事故</td><td>若出现人伤械损事故,整个项目成绩记 0 分。该项没有加分,只有减分</td><td></td><td></td><td></td><td></td></tr>
<tr><td colspan="2">总　　分</td><td></td><td></td><td></td><td></td></tr>
<tr><td colspan="2">备　注

(现场未尽事项记录)</td><td colspan="5"></td></tr>
<tr><td colspan="2">教师签字</td><td></td><td colspan="2">学生签字</td><td colspan="2"></td></tr>
</table>

项目9　外三角螺纹的车削

9.1　任务单

适用专业:机械设计与制造、数控技术、模具制造			适用年级:二年级	
任务名称:外三角螺纹的车削			任务编号:R1－9	
学习小组:	姓名:	班级:	日期:	实训室: 车工实训室

一、任务描述

加工如图9－1所示零件,数量为1件,毛坯为项目7加工成型的零件。要求通过项目实训,了解螺纹的种类和用途,掌握车削三角螺纹基本参数的计算,填写加工工序卡和相关的学习资料,能够按下面图纸技术要求独立完成M30的外三角螺纹加工,掌握螺纹环规检测螺纹的方法。

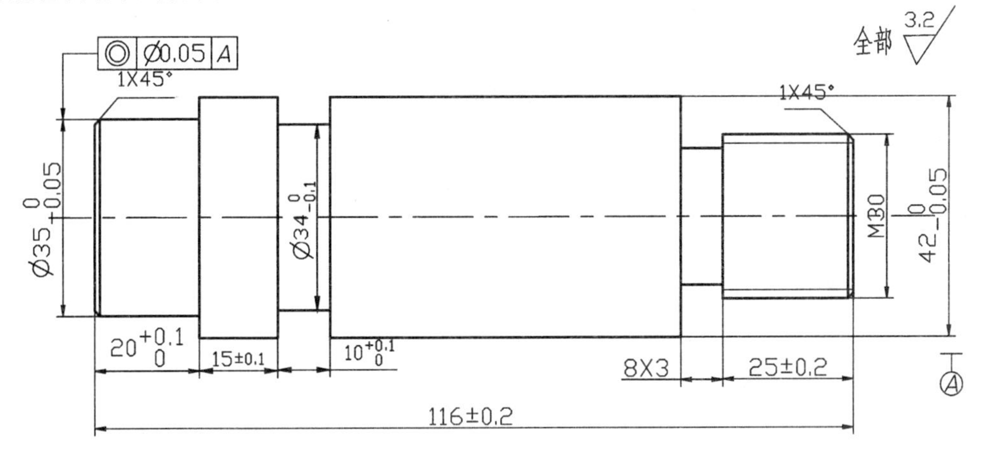

图9－1　螺纹轴

二、相关资料及资源

相关资料:

1. 教材《金工实训》[1]的绪论及项目9部分。
2. 教学课件。

相关资源:

1. 零件图。
2. 教学课件。

三、任务实施说明

1. 学生分组，每小组 5～8 人。
2. 小组进行任务分析。
3. 资料学习。
4. 现场教学。
5. 小组讨论，进行外三角螺纹车削时应注意的问题。
6. 小组合作，进行外三角螺纹车削讲解演练，小组成员补充优化。
7. 角色扮演，分小组进行讲解演示。
8. 完成 9.2 引导文相关内容的填写。

四、任务实施注意点

1. 掌握外三角螺纹的车削方法和检查方法。
2. 能基本上解决车削螺纹时出现的问题。
3. 注意安全操作练习。
4. 遇到问题时小组进行讨论，可让老师参与讨论，通过团队合作使问题得到解决。
5. 培养学生遵守 6S 相关规定：

(1)工、量、刀具要归类摆放整齐，不随意摆放。

(2)每班下课前清扫设备及场地。

(3)进入实训室必须按要求穿戴好实训服，女生必须戴好工作帽。未按要求着装者不得进入实训室。

五、知识拓展

1. 通过查找资料等方式，了解螺纹的种类和用途。

2. 了解加工螺纹的其他方法。

任务下发人：

日期：　　年　月　日

任务执行人：

日期：　　年　月　日

9.2　引导文

适用专业:机械设计与制造、数控技术、模具制造			适用年级:二年级	
任务名称:外三角螺纹的车削			任务编号:R1－9	
学习小组:	姓名:	班级:	日期:	实训室: 车工实训室

一、明确任务目的

通过学习情境9[1]的学习,要求学生能够做到:

1. 了解三角螺纹的规格、代号及表示方法。
2. 了解三角螺纹车刀的几何形状和角度要求。
3. 掌握提闸法车削“不破头”三角螺纹的方法。
4. 掌握用正、反车法车削三角螺纹的方法。
5. 掌握用螺纹环规检查的方法。
6. 安全文明实训。
7. 遵守6S管理的相关规定。

二、引导问题

1. 螺纹的种类有哪些?

2. 车削外三角螺纹的方法有几种?

3. 如何对外三角螺纹进行检测?

4. 车削三角螺纹时出现“乱扣”应如何处理?

三、引导任务实施

1. 根据任务单给出的零件图，对零件的加工工艺进行分析。

2. 根据任务单给出的零件图，制订机械加工工艺方案。

3. 根据任务单给出的零件图，填写零件加工工序卡。

四、领料单

1. 每台车床一把游标卡尺、一把千分尺、螺纹环规若干。
2. 60°外三角螺纹车刀若干把。
3. 每人一根材料(项目 7 加工成型的零件)。

五、评价

小组讨论设计本小组的学习评价表，相互评价，最后给出小组成员的得分。

任务学习的其他说明或建议：

指导老师评语：

任务完成人签字：

日期：　　年　月　日

指导老师签字：

日期：　　年　月　日

9.3　外三角螺纹加工工序卡

<table>
<tr><td colspan="5" rowspan="2">外三角螺纹加工工序卡</td><td colspan="3">产品名称</td><td colspan="2">零件名称</td><td colspan="3">零件图号</td></tr>
<tr><td colspan="3"></td><td colspan="2"></td><td colspan="3"></td></tr>
<tr><td>工序号</td><td>程序编号</td><td>材料</td><td colspan="2">数　量</td><td colspan="3">夹具名称</td><td colspan="2">使用设备</td><td colspan="3">车　间</td></tr>
<tr><td></td><td></td><td></td><td colspan="2"></td><td colspan="3"></td><td colspan="2"></td><td colspan="3"></td></tr>
<tr><td rowspan="2">工步号</td><td colspan="2" rowspan="2">工步内容</td><td colspan="6">切削用量</td><td colspan="2">刀　具</td><td colspan="2">量　具</td></tr>
<tr><td>V
/(m/min)</td><td colspan="2">n
/(r/min)</td><td>f
/(mm/r)</td><td colspan="2">a_p
/mm</td><td>编号</td><td>名称</td><td>编号</td><td>名称</td></tr>
<tr><td></td><td colspan="2"></td><td></td><td colspan="2"></td><td></td><td colspan="2"></td><td></td><td></td><td></td><td></td></tr>
<tr><td></td><td colspan="2"></td><td></td><td colspan="2"></td><td></td><td colspan="2"></td><td></td><td></td><td></td><td></td></tr>
<tr><td></td><td colspan="2"></td><td></td><td colspan="2"></td><td></td><td colspan="2"></td><td></td><td></td><td></td><td></td></tr>
<tr><td></td><td colspan="2"></td><td></td><td colspan="2"></td><td></td><td colspan="2"></td><td></td><td></td><td></td><td></td></tr>
<tr><td></td><td colspan="2"></td><td></td><td colspan="2"></td><td></td><td colspan="2"></td><td></td><td></td><td></td><td></td></tr>
<tr><td></td><td colspan="2"></td><td></td><td colspan="2"></td><td></td><td colspan="2"></td><td></td><td></td><td></td><td></td></tr>
<tr><td></td><td colspan="2"></td><td></td><td colspan="2"></td><td></td><td colspan="2"></td><td></td><td></td><td></td><td></td></tr>
<tr><td></td><td colspan="2"></td><td></td><td colspan="2"></td><td></td><td colspan="2"></td><td></td><td></td><td></td><td></td></tr>
<tr><td></td><td colspan="2"></td><td></td><td colspan="2"></td><td></td><td colspan="2"></td><td></td><td></td><td></td><td></td></tr>
<tr><td></td><td colspan="2"></td><td></td><td colspan="2"></td><td></td><td colspan="2"></td><td></td><td></td><td></td><td></td></tr>
<tr><td></td><td colspan="2"></td><td></td><td colspan="2"></td><td></td><td colspan="2"></td><td></td><td></td><td></td><td></td></tr>
<tr><td></td><td colspan="2"></td><td></td><td colspan="2"></td><td></td><td colspan="2"></td><td></td><td></td><td></td><td></td></tr>
<tr><td></td><td colspan="2"></td><td></td><td colspan="2"></td><td></td><td colspan="2"></td><td></td><td></td><td></td><td></td></tr>
<tr><td></td><td colspan="2"></td><td></td><td colspan="2"></td><td></td><td colspan="2"></td><td></td><td></td><td></td><td></td></tr>
<tr><td></td><td colspan="2"></td><td></td><td colspan="2"></td><td></td><td colspan="2"></td><td></td><td></td><td></td><td></td></tr>
<tr><td>编制</td><td></td><td>审核</td><td colspan="3"></td><td>批准</td><td colspan="3"></td><td>共　页</td><td colspan="2">第　页</td></tr>
</table>

9.4 6S 和现场操作评分表

学习项目名称			日　　期			
姓　　名			工 位 号			
开工时间			任　　务			
职业素养	考核项目	考核内容	自我评分（×10%）	班组评分（×30%）	教师评分（×60%）	得　分
	纪律（20 分）	不迟到，不早退，服从安排，打扫车间卫生。如有违反，一项扣 1～3 分				
	安全文明生产（20 分）	安全着装，按要求操作车床。如有违反，一项扣 1～3 分				
	职业规范（20 分）	爱护设备、量具，实训中工具、量具、刀具摆放整齐，给机床加油、清洁。如有违反，一项扣 1～3 分				
	现场要求（20 分）	不玩手机，不大声喧哗，不打闹，课后清扫地面、设备，清理现场。如有违反，一项扣 1～3 分				
	工件车削加工考核（20 分）	在规定的时间内完成工件的车削加工。根据现场情况扣分				
	人伤械损事故	若出现人伤械损事故，整个项目成绩记 0 分。该项没有加分，只有减分				
	总　　分					
备　注（现场未尽事项记录）						
教师签字			学生签字			

9.5　零件检测评分表

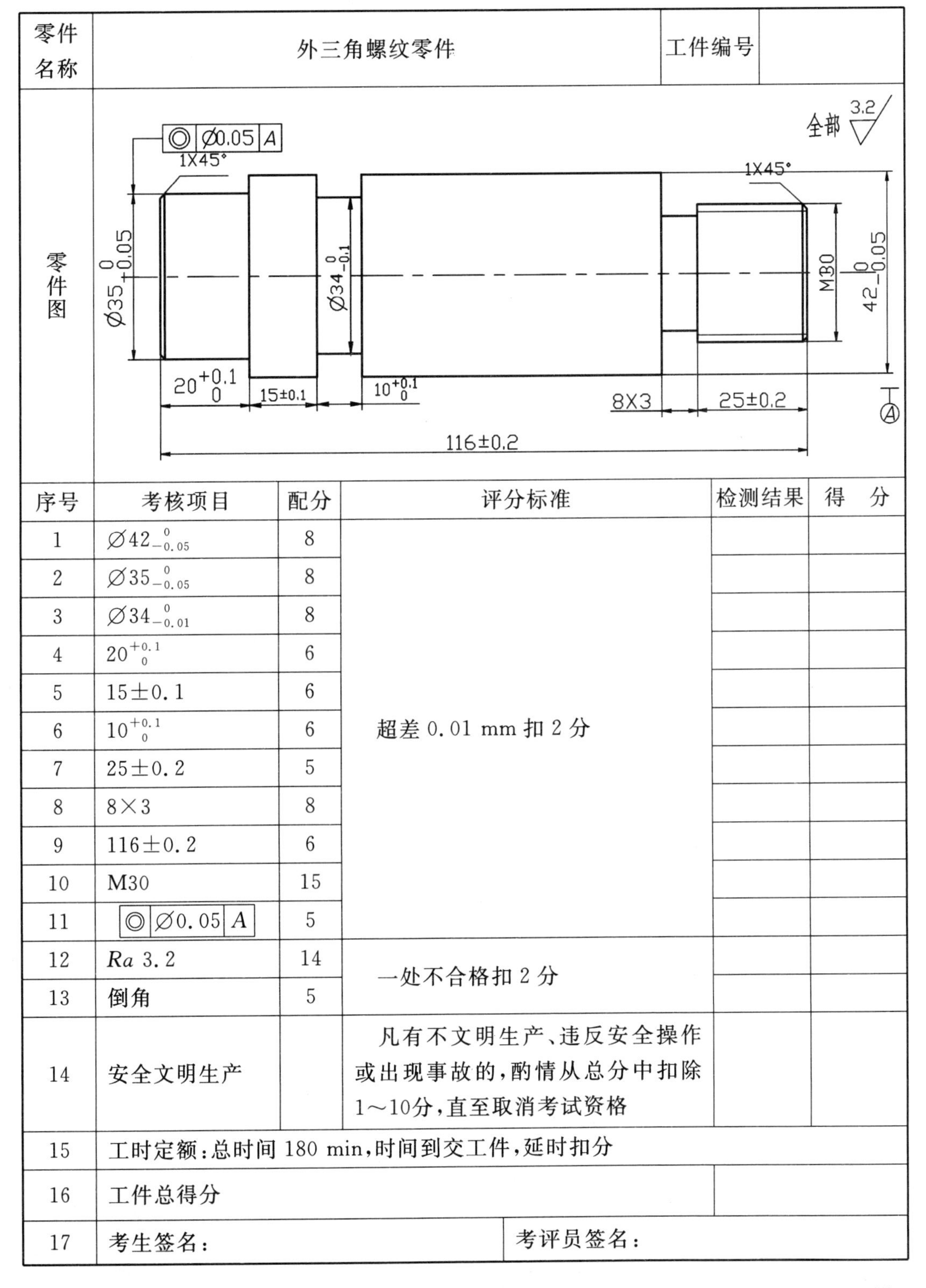

零件名称	外三角螺纹零件			工件编号	
零件图					
序号	考核项目	配分	评分标准	检测结果	得　分
1	$\varnothing 42_{-0.05}^{0}$	8	超差 0.01 mm 扣 2 分		
2	$\varnothing 35_{-0.05}^{0}$	8			
3	$\varnothing 34_{-0.01}^{0}$	8			
4	$20_{0}^{+0.1}$	6			
5	15±0.1	6			
6	$10_{0}^{+0.1}$	6			
7	25±0.2	5			
8	8×3	8			
9	116±0.2	6			
10	M30	15			
11	◎ | Ø0.05 | A	5			
12	*Ra* 3.2	14	一处不合格扣 2 分		
13	倒角	5			
14	安全文明生产		凡有不文明生产、违反安全操作或出现事故的，酌情从总分中扣除1～10分，直至取消考试资格		
15	工时定额：总时间 180 min，时间到交工件，延时扣分				
16	工件总得分				
17	考生签名：			考评员签名：	

项目 10　套类零件的车削

10.1　任务单

适用专业：机械设计与制造、数控技术、模具制造			适用年级：二年级	
任务名称：套类零件的车削			任务编号：R1－10	
学习小组：	姓名：	班级：	日期：	实训室： 车工实训室

一、任务描述

加工如图 10－1 所示零件，数量为 1 件，毛坯为∅45 mm×42 mm。要求通过项目实训，了解麻花钻的几何形状和角度要求，掌握内孔车刀的刃磨方法，掌握通孔、台阶孔和平底孔的车削方法，填写加工工序卡和相关的学习资料。

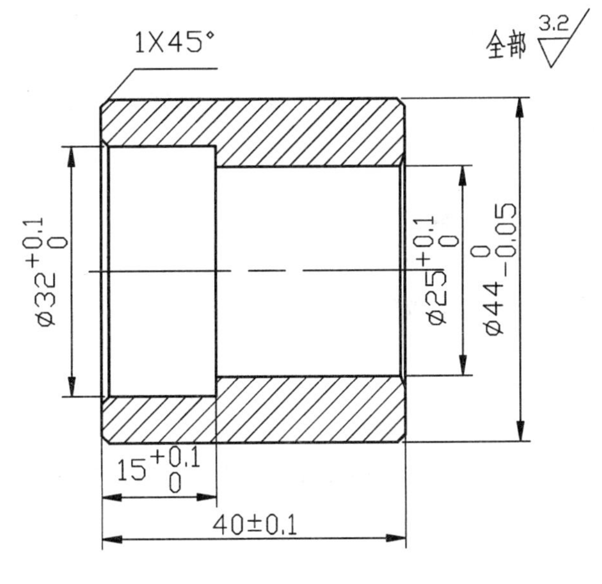

图 10－1　台阶孔

二、相关资料及资源

相关资料：

1. 教材《金工实训》[1] 的绪论及项目 10 部分。
2. 教学课件。

相关资源：

1. 零件图。
2. 教学课件。

三、任务实施说明

1. 学生分组，每小组5～8人。
2. 小组进行任务分析。
3. 资料学习。
4. 现场教学。
5. 小组讨论套类零件车削加工中应注意的问题。
6. 小组合作，进行套类零件车中削加工操作讲解演练，小组成员补充优化。
7. 角色扮演，分小组进行讲解演示。
8. 完成10.2引导文相关内容的填写。

四、任务实施注意点

1. 了解内孔车刀的几何形状及角度要求，掌握内孔车刀的刃磨方法。
2. 掌握通孔、台阶孔、盲孔的车削方法。
3. 掌握内孔的测量方法。
4. 注意安全操作练习。
5. 遇到问题时小组进行讨论，可让老师参与讨论，通过团队合作使问题得到解决。
6. 培养学生对车床的日常维护保养。
7. 培养学生遵守6S相关规定：

(1)工、量、刀具要归类摆放整齐，不随意摆放。

(2)每班下课前清扫设备及场地，设备整洁无铁屑。

(3)进入实训室必须按要求穿戴好实训服，女生必须戴好工作帽。未按要求着装者不得进入实训室。

五、知识拓展

通过查找资料等方式，了解套类零件和轴类零件装配时的技术要求。

任务下发人：

日期：　　年　月　日

任务执行人：

日期：　　年　月　日

10.2　引导文

<table>
<tr><td colspan="3">适用专业:机械设计与制造、数控技术、模具制造</td><td colspan="2">适用年级:二年级</td></tr>
<tr><td colspan="3">任务名称:套类零件的车削</td><td colspan="2">任务编号:R1-10</td></tr>
<tr><td>学习小组:</td><td>姓名:</td><td>班级:</td><td>日期:</td><td>实训室:
车工实训室</td></tr>
<tr><td colspan="5">

一、明确任务目的

通过学习情境10[1]的学习,要求学生能够做到:

1.掌握内孔车刀的刃磨方法。

2.掌握通孔、台阶孔、盲孔的车削方法。

3.掌握内孔的测量方法。

4.遵守6S管理规定,做到安全文明实训。

</td></tr>
<tr><td colspan="5">

二、引导问题

1.麻花钻的组成及角度要求。

2.内孔车刀的几何角度。

3.内孔车削时如何选择切削用量?

</td></tr>
</table>

三、引导任务实施

1. 根据任务单给出的零件图，对零件图的加工工艺进行分析。

2. 根据任务单给出的零件图，制订机械加工工艺方案。

3. 根据任务单给出的零件图，填写零件加工工序卡。

四、领料单

1. 每台车床一把内孔车刀。
2. 每人一根∅45 mm×41 mm 的圆钢材料。

五、评价

小组讨论设计本小组的学习评价表，相互评价，最后给出小组成员的得分。

任务学习的其他说明或建议：

指导老师评语：

任务完成人签字：

日期：　　年　月　日

指导老师签字：

日期：　　年　月　日

10.3　台阶孔车削加工工序卡

台阶孔车削加工工序卡	产品名称	零件名称	零件图号

工序号	程序编号	材料	数　量	夹具名称	使用设备	车　间

工步号	工步内容	切削用量				刀　具		量　具	
		V /(m/min)	n /(r/min)	f /(mm/r)	a_p /mm	编号	名称	编号	名称

编制		审核		批准		共　页	第　页

10.4　6S 和现场操作评分表

<table>
<tr><td colspan="2">学习项目名称</td><td></td><td colspan="2">日　　期</td><td colspan="2"></td></tr>
<tr><td colspan="2">姓　　名</td><td></td><td colspan="2">工 位 号</td><td colspan="2"></td></tr>
<tr><td colspan="2">开工时间</td><td></td><td colspan="2">任　　务</td><td colspan="2"></td></tr>
<tr><td rowspan="8">职业素养</td><td>考核项目</td><td>考核内容</td><td>自我评分
(×10%)</td><td>班组评分
(×30%)</td><td>教师评分
(×60%)</td><td>得　分</td></tr>
<tr><td>纪律
(20 分)</td><td>不迟到,不早退,服从安排,打扫车间卫生。如有违反,一项扣 1～3 分</td><td></td><td></td><td></td><td></td></tr>
<tr><td>安全文明生产
(20 分)</td><td>安全着装,按要求操作车床。如有违反,一项扣 1～3 分</td><td></td><td></td><td></td><td></td></tr>
<tr><td>职业规范
(20 分)</td><td>爱护设备、量具,实训中工具、量具、刀具摆放整齐,给机床加油、清洁。如有违反,一项扣 1～3 分</td><td></td><td></td><td></td><td></td></tr>
<tr><td>现场要求
(20 分)</td><td>不玩手机,不大声喧哗,不打闹,课后清扫地面、设备,清理现场。如有违反,一项扣 1～3 分</td><td></td><td></td><td></td><td></td></tr>
<tr><td>工件车削加工考核
(20 分)</td><td>在规定的时间内完成工件的车削加工。根据现场情况扣分</td><td></td><td></td><td></td><td></td></tr>
<tr><td>人伤械损事故</td><td>若出现人伤械损事故,整个项目成绩记 0 分。该项没有加分,只有减分</td><td></td><td></td><td></td><td></td></tr>
<tr><td colspan="2">总　　分</td><td></td><td></td><td></td><td></td></tr>
<tr><td colspan="2">备　注

(现场未尽事项记录)</td><td colspan="5"></td></tr>
<tr><td colspan="2">教师签字</td><td colspan="2"></td><td colspan="2">学生签字</td><td></td></tr>
</table>

10.5　零件检测评分表

<table>
<tr><td>零件名称</td><td colspan="3">台阶孔</td><td>工件编号</td><td></td></tr>
<tr><td>零件图</td><td colspan="5"> 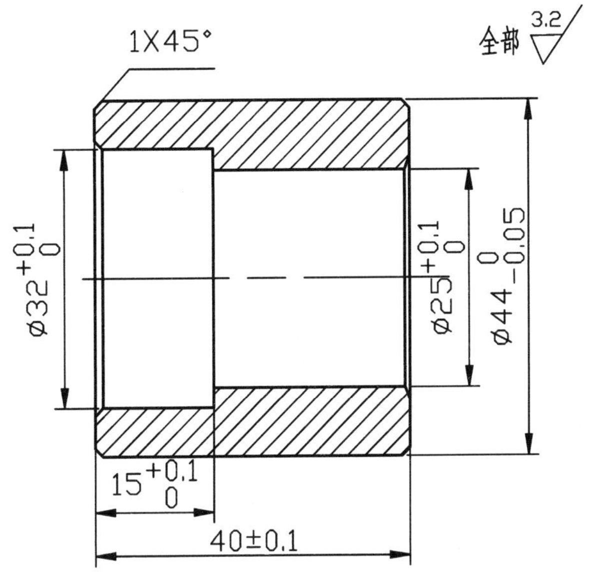1X45°
全部 $\sqrt{3.2}$
$\phi 32^{+0.1}_{0}$
$\phi 25^{+0.1}_{0}$
$\phi 44^{0}_{-0.05}$
$15^{+0.1}_{0}$
40±0.1</td></tr>
<tr><td>序号</td><td>考核项目</td><td>配分</td><td>评分标准</td><td>检测结果</td><td>得　分</td></tr>
<tr><td>1</td><td>$\varnothing 44^{0}_{-0.05}$</td><td>20</td><td rowspan="5">超差 0.01 mm 扣 2 分</td><td></td><td></td></tr>
<tr><td>2</td><td>$\varnothing 32^{+0.1}_{0}$</td><td>20</td><td></td><td></td></tr>
<tr><td>3</td><td>$\varnothing 25^{+0.1}_{0}$</td><td>20</td><td></td><td></td></tr>
<tr><td>4</td><td>$15^{+0.1}_{0}$</td><td>10</td><td></td><td></td></tr>
<tr><td>5</td><td>40±0.1</td><td>10</td><td></td><td></td></tr>
<tr><td>6</td><td>*Ra* 3.2</td><td>15</td><td rowspan="2">一处不合格扣 3 分</td><td></td><td></td></tr>
<tr><td>7</td><td>倒角</td><td>5</td><td></td><td></td></tr>
<tr><td>8</td><td>安全文明生产</td><td></td><td>凡有不文明生产、违反安全操作或出现事故的，酌情从总分中扣除1～10分，直至取消考试资格</td><td></td><td></td></tr>
<tr><td>9</td><td colspan="5">工时定额：总时间 120 min，时间到交工件，延时扣分</td></tr>
<tr><td>10</td><td colspan="3">工件总得分</td><td colspan="2"></td></tr>
<tr><td>11</td><td colspan="2">考生签名：</td><td colspan="3">考评员签名：</td></tr>
</table>

项目 11　内三角螺纹的车削

11.1　任务单

适用专业：机械设计与制造、数控技术、模具制造			适用年级：二年级	
任务名称：内三角螺纹的车削			任务编号：R1－11	
学习小组：	姓名：	班级：	日期：	实训室： 车工实训室

一、任务描述

加工内三角螺纹，零件如图 11－1 所示，数量为 1 件，毛坯为项目 10 加工成型的零件。要求掌握内三角螺纹车刀几何角度和刃磨方法，掌握内三角螺纹的车削方法，合理选择切削用量，填写加工工序卡和相关的学习资料。

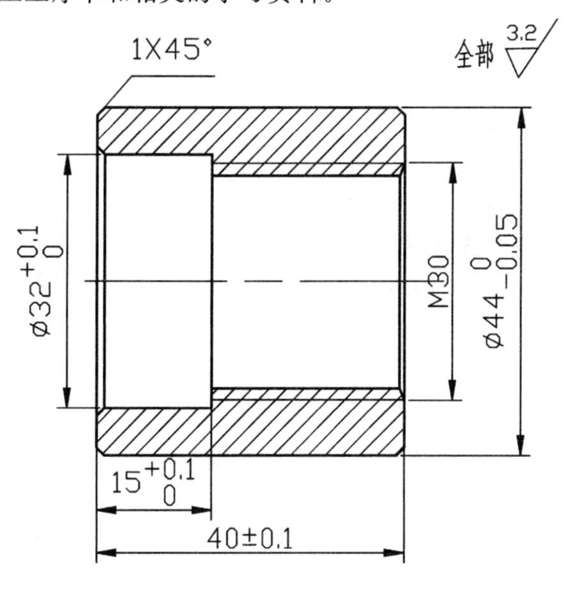

图 11－1　内三角螺纹

二、相关资料及资源

相关资料：

1. 教材《金工实训》[1]的绪论及项目 11 部分。
2. 教学课件。

相关资源：

1. 零件图。
2. 教学课件。

三、任务实施说明

1.学生分组,每小组5～8人。

2.小组进行任务分析。

3.资料学习。

4.现场教学。

5.小组讨论内三角螺纹车削时应注意的问题。

6.小组合作,进行内三角螺纹车削操作讲解演练,小组成员补充优化。

7.角色扮演,分小组进行讲解演示。

8.完成11.2引导文内容的填写。

四、任务实施注意点

1.掌握内三角螺纹的车削方法和检查方法。

2.基本能解决车削螺纹时出现的问题。

3.注意安全操作练习。

4.遇到问题时小组进行讨论,可让老师参与讨论,通过团队合作使问题得到解决。

5.培养学生对车床的日常维护保养。

6.培养学生遵守6S相关规定:

(1)工、量、刀具要归类摆放整齐,不随意摆放。

(2)每班下课前清扫设备,设备整洁无铁屑。

(3)进入实训室必须按要求穿戴好实训服,女生必须戴好工作帽。未按要求着装者不得进入实训室。

五、知识拓展

通过查找资料等方式,了解内螺纹的种类和用途。

任务下发人:

日期:　　年　月　日

任务执行人:

日期:　　年　月　日

11.2　引导文

<table>
<tr><td colspan="3">适用专业：机械设计与制造、数控技术、模具制造</td><td colspan="2">适用年级：二年级</td></tr>
<tr><td colspan="3">任务名称：内三角螺纹的车削</td><td colspan="2">任务编号：R1－11</td></tr>
<tr><td>学习小组：</td><td>姓名：</td><td>班级：</td><td>日期：</td><td>实训室：
车工实训室</td></tr>
</table>

一、明确任务目的

通过学习情境 11[1] 的学习，要求学生能够做到：

1. 了解内三角螺纹的规格、代号及表示方法。
2. 了解内三角螺纹车刀的几何形状及刃磨要求。
3. 掌握提闸法车削“不破头”三角内螺纹。
4. 掌握用正、反车法车削三角内螺纹。
5. 安全文明实训。

二、引导问题

1. 内螺纹的种类有哪些？

2. 内三角螺纹车削的方法有几种？

3. 如何对内三角螺纹进行检测？

三、引导任务实施

1. 根据任务单给出的零件图，对零件图的加工工艺进行分析。

2. 根据任务单给出的零件图，制订机械加工工艺方案。

3. 根据任务单给出的零件图，填写零件加工工序卡。

四、领料单

1. 每台车床一把游标卡尺、一把千分尺、螺纹塞规若干。
2. 每人一根材料（项目 10 加工成型的零件）。

五、评价

小组讨论设计本小组的学习评价表，相互评价，最后给出小组成员的得分。

任务学习的其他说明或建议：

指导老师评语：

任务完成人签字：

日期：　　年　　月　　日

指导老师签字：

日期：　　年　　月　　日

11.3　内三角螺纹加工工序卡

内三角螺纹加工工序卡				产品名称	零件名称	零件图号
工序号	程序编号	材料	数　量	夹具名称	使用设备	车　间

工步号	工步内容	切削用量				刀　具		量　具	
		V /(m/min)	n /(r/min)	f /(mm/r)	a_p /mm	编号	名称	编号	名称

编制		审核		批准		共　页	第　页

11.4 6S和现场操作评分表

<table>
<tr><td colspan="2">学习项目名称</td><td></td><td colspan="2">日　期</td><td colspan="2"></td></tr>
<tr><td colspan="2">姓　名</td><td></td><td colspan="2">工位号</td><td colspan="2"></td></tr>
<tr><td colspan="2">开工时间</td><td></td><td colspan="2">任　务</td><td colspan="2"></td></tr>
<tr><td rowspan="8">职业素养</td><td>考核项目</td><td>考核内容</td><td>自我评分(×10%)</td><td>班组评分(×30%)</td><td>教师评分(×60%)</td><td>得　分</td></tr>
<tr><td>纪律(20分)</td><td>不迟到，不早退，服从安排，打扫车间卫生。如有违反，一项扣1～3分</td><td></td><td></td><td></td><td></td></tr>
<tr><td>安全文明生产(20分)</td><td>安全着装，按要求操作车床。如有违反，一项扣1～3分</td><td></td><td></td><td></td><td></td></tr>
<tr><td>职业规范(20分)</td><td>爱护设备、量具，实训中工具、量具、刀具摆放整齐，给机床加油、清洁。如有违反，一项扣1～3分</td><td></td><td></td><td></td><td></td></tr>
<tr><td>现场要求(20分)</td><td>不玩手机，不大声喧哗，不打闹，课后清扫地面、设备，清理现场。如有违反，一项扣1～3分</td><td></td><td></td><td></td><td></td></tr>
<tr><td>工件车削加工考核(20分)</td><td>在规定的时间内完成工件的车削加工。根据现场情况扣分</td><td></td><td></td><td></td><td></td></tr>
<tr><td>人伤械损事故</td><td>若出现人伤械损事故，整个项目成绩记0分。该项没有加分，只有减分</td><td></td><td></td><td></td><td></td></tr>
<tr><td colspan="2">总　分</td><td></td><td></td><td></td><td></td></tr>
<tr><td colspan="2">备　注
(现场未尽事项记录)</td><td colspan="5"></td></tr>
<tr><td colspan="2">教师签字</td><td></td><td colspan="2">学生签字</td><td colspan="2"></td></tr>
</table>

11.5　零件检测评分表

零件名称	内螺纹套			工件编号	
零件图	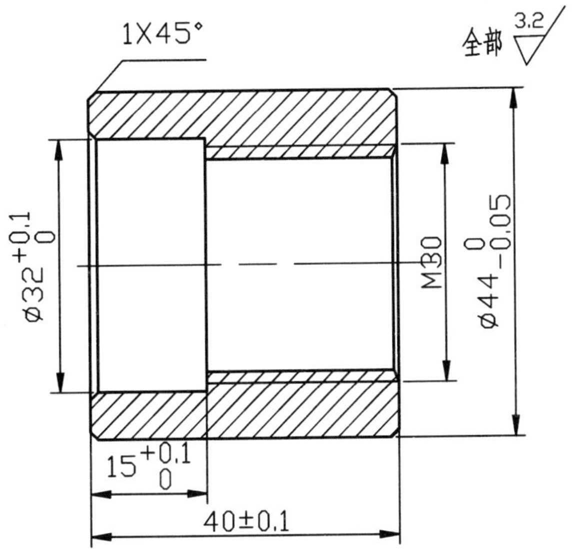 1X45°　全部 3.2　$\varnothing 32^{+0.1}_{0}$　M30　$\varnothing 44^{0}_{-0.05}$　$15^{+0.1}_{0}$　40±0.1				
序号	考核项目	配分	评分标准	检测结果	得　分
1	$\varnothing 44^{0}_{-0.05}$	15			
2	$\varnothing 32^{+0.1}_{0}$	15			
3	螺纹 M30	30	超差 0.01 mm 扣 2 分		
4	$15^{+0.1}_{0}$	10			
5	40±0.1	10			
6	*Ra* 3.2	15	一处不合格扣 3 分		
7	倒角	5			
8	安全文明生产		凡有不文明生产、违反安全操作或出现事故的，酌情从总分中扣除1～10分，直至取消考试资格		
9	工时定额：总时间 120 min，时间到交工件，延时扣分				
10	工件总得分				
11	考生签名：		考评员签名：		

项目 12　铣床的基本操作

12.1　任务单

适用专业：机械设计与制造、数控技术、模具制造			适用年级：二年级	
任务名称：铣床的基本操作			任务编号：R1－12	
学习小组：	姓名：	班级：	日期：	实训室： 机床轮换车间

一、任务描述

通过项目实训，了解铣床（见图 12－1）的一般结构和基本工作原理，掌握普通铣床的功能及操作方法，遵守普通铣床的安全操作规程，遵守实训车间的各项管理制度，做到安全文明实训，养成良好的职业素质，完成相关学习资料的填写。

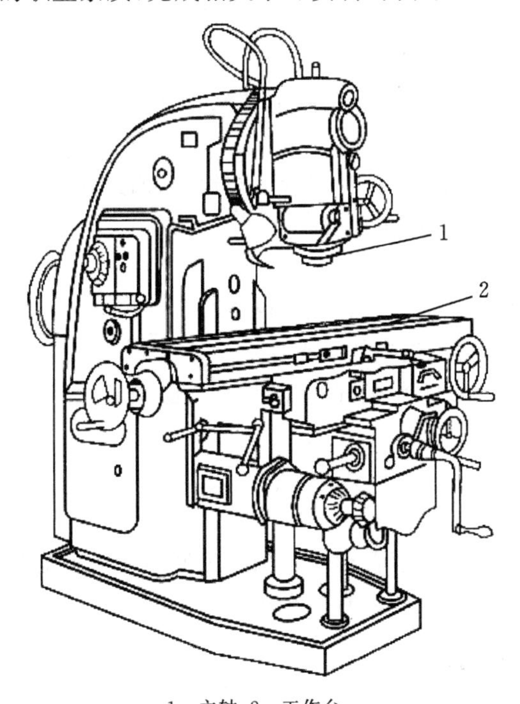

1—主轴；2—工作台。

图 12－1　立式升降铣床外观图

二、相关资料及资源

相关资料：

1. 教材《金工实训》[1]的绪论及项目 12 部分。
2. 教学课件。

相关资源：

1.普通铣床图片。

2.教学课件。

三、任务实施说明

1.学生分组，每小组5～8人。

2.小组进行任务分析。

3.资料学习。

4.现场教学。

5.小组讨论铣床操作时应注意的安全事项。

6.小组合作，进行铣床操作讲解演练，小组成员补充优化。

7.角色扮演，分小组进行讲解演示。

8.完成12.2引导文相关内容的填写。

四、任务实施注意点

1.注意观察普通铣床的结构和传动原理。

2.注意观察铣床每一个操作手柄的功能和操作方法。

3.注意安全操作练习。

4.遇到问题时小组进行讨论，可让老师参与讨论，通过团队合作使问题得到解决。

5.培养学生对铣床的日常维护保养。

6.遵守6S管理相关规定：

(1)工、量、刀具要归类摆放整齐，不随意摆放。

(2)每班下课前清扫设备，设备整洁无铁屑。

(3)进入实训室必须按要求穿戴好实训服，女生必须戴好工作帽。未按要求着装者不得进入实训室。

五、知识拓展

1.通过查找资料等方式，了解普通铣床的加工原理和加工范围。

2.查找资料，了解除了铣工外还有什么机械加工工种。

任务下发人：

日期：　　年　月　日

任务执行人：

日期：　　年　月　日

12.2 引导文

<table>
<tr><td colspan="3">适用专业:机械设计与制造、数控技术、模具制造</td><td colspan="2">适用年级:二年级</td></tr>
<tr><td colspan="3">任务名称:铣床的基本操作</td><td colspan="2">任务编号:R1-12</td></tr>
<tr><td>学习小组:</td><td>姓名:</td><td>班级:</td><td>日期:</td><td>实训室:
机床轮换车间</td></tr>
</table>

一、明确任务目的

通过学习情境12[1]的学习,要求学生能够做到:

1. 了解铣床的型号、各部分名称及作用。
2. 了解铣床的传动系统。
3. 懂得铣床的一般维护及保养。
4. 了解车间安全制度及铣床操作安全知识。

二、引导问题

1. 了解机床轮换车间的规章制度。

2. 了解操作铣床应注意的安全事项。

3. 普通铣床有哪些加工特点?

4. 了解铣床的型号及其含义。

5. 如何对铣床进行日常维护保养?

三、引导任务实施

1. 根据图 12－1 说出每个铣床手柄的功能。

2. 能够识别不同型号的铣床。

3. 铣床的日常维护保养。

四、评价

小组讨论设计本小组的学习评价表，相互评价，最后给出小组成员的得分。

任务学习的其他说明或建议：

指导老师评语：

任务完成人签字：

日期：　　年　月　日

指导老师签字：

日期：　　年　月　日

12.3　6S和现场操作评分表

<table>
<tr><td colspan="2">学习项目名称</td><td></td><td>日　　期</td><td colspan="3"></td></tr>
<tr><td colspan="2">姓　　名</td><td></td><td>工 位 号</td><td colspan="3"></td></tr>
<tr><td colspan="2">开工时间</td><td></td><td>任　　务</td><td colspan="3"></td></tr>
<tr><td rowspan="8">职业素养</td><td>考核项目</td><td>考核内容</td><td>自我评分
(×10%)</td><td>班组评分
(×30%)</td><td>教师评分
(×60%)</td><td>得　分</td></tr>
<tr><td>纪律
(20分)</td><td>不迟到，不早退，服从安排，打扫车间卫生。如有违反，一项扣1～3分</td><td></td><td></td><td></td><td></td></tr>
<tr><td>安全文明生产
(20分)</td><td>安全着装，按要求操作车床。如有违反，一项扣1～3分</td><td></td><td></td><td></td><td></td></tr>
<tr><td>职业规范
(20分)</td><td>爱护设备、量具，实训中工具、量具、刀具摆放整齐，给机床加油、清洁。如有违反，一项扣1～3分</td><td></td><td></td><td></td><td></td></tr>
<tr><td>现场要求
(20分)</td><td>不玩手机，不大声喧哗，不打闹，课后清扫地面、设备，清理现场。如有违反，一项扣1～3分</td><td></td><td></td><td></td><td></td></tr>
<tr><td>认知铣床各部分名称
(20分)</td><td>对铣床各部分进行认知考核，错误一次扣1～3分</td><td></td><td></td><td></td><td></td></tr>
<tr><td>人伤械损事故</td><td>若出现人伤械损事故，整个项目成绩记0分。该项没有加分，只有减分</td><td></td><td></td><td></td><td></td></tr>
<tr><td colspan="2">总　　分</td><td></td><td></td><td></td><td></td></tr>
<tr><td colspan="3">备　注

(现场未尽事项记录)</td><td colspan="4"></td></tr>
<tr><td colspan="2">教师签字</td><td></td><td colspan="2">学生签字</td><td colspan="2"></td></tr>
</table>

项目 13　平面、台阶的铣削

13.1　任务单

<table>
<tr><td colspan="3">适用专业：机械设计与制造、数控技术、模具制造</td><td colspan="2">适用年级：二年级</td></tr>
<tr><td colspan="3">任务名称：平面、台阶的铣削</td><td colspan="2">任务编号：R1－13</td></tr>
<tr><td>学习小组：</td><td>姓名：</td><td>班级：</td><td>日期：</td><td>实训室：
机床轮换车间</td></tr>
</table>

一、任务描述

加工如图 13－1 所示零件，数量为 1 件，毛坯为 48 mm×48 mm×80 mm 的 45＃钢。要求学生掌握平面铣削切削用量的选择，填写加工工艺卡和相关的学习资料，并按加工零件图加工出合格的零件，接受有关生产现场劳动纪律及安全生产教育，养成良好的职业素质。

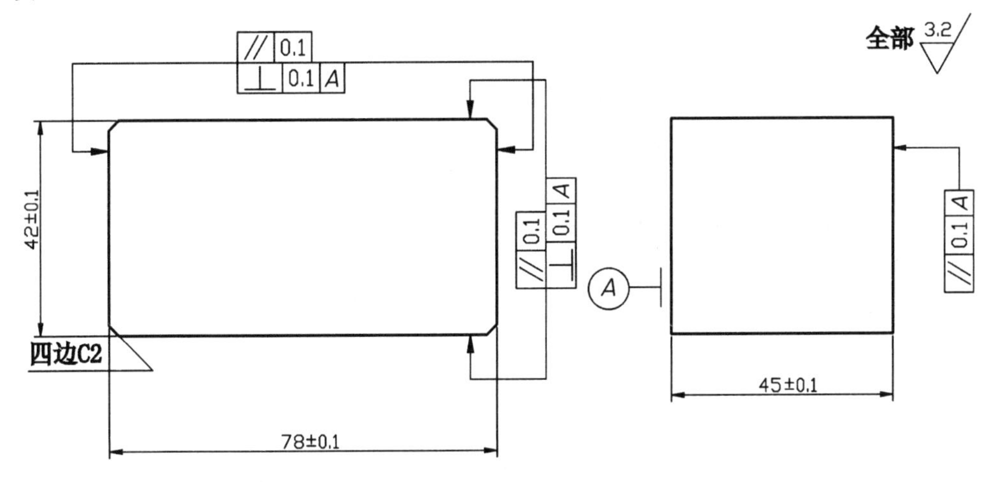

图 13－1　平面、台阶的铣削

二、相关资料及资源

相关资料：

1. 教材《金工实训》[1]的绪论及项目 13 部分。
2. 教学课件。

相关资源：

1. 普通铣床图片。
2. 教学课件。

三、任务实施说明

1.学生分组,每小组 5～8 人。
2.小组进行任务分析。
3.资料学习。
4.现场教学。
5.小组讨论平面铣削时应注意的事项。
6.小组合作,进行平面铣削操作讲解演练,小组成员补充优化。
7.角色扮演,分小组进行讲解演示。
8.完成 13.2 引导文相关内容的填写。

四、任务实施注意点

1.学会在机用虎钳上安装工件。
2.了解常用铣刀的安装。
3.了解相关切削要素的选择。
4.会编制加工零件的工艺卡,能加工平面和台阶。
5.注意安全操作练习。
6.遇到问题时小组进行讨论,可让老师参与讨论,通过团队合作使问题得到解决。
7.培养学生对铣床的日常维护保养。
8.培养学生遵守 6S 相关规定:
(1)工、量、刀具要归类摆放整齐,不随意摆放。
(2)每班下课前清扫设备,设备整洁无铁屑。
(3)进入实训室必须按要求穿戴好实训服,女生必须戴好工作帽。未按要求着装者不得进入实训室。

五、知识拓展

通过查找资料等方式,了解平面铣和台阶铣所用的铣刀有什么不同。

任务下发人:

日期:　　年　月　日

任务执行人:

日期:　　年　月　日

13.2　引导文

适用专业：机械设计与制造、数控技术、模具制造			适用年级：二年级	
任务名称：平面、台阶的铣削			任务编号：R1－13	
学习小组：	姓名：	班级：	日期：	实训室： 机床轮换车间

一、明确任务目的

通过学习情境 13[1] 的学习，要求学生能够做到：

1. 掌握铣刀的正确安装。
2. 正确使用平口钳、压板安装工件。
3. 掌握平面的铣削方法。
4. 掌握台阶面的铣削方法。

二、引导问题

1. 了解顺铣和逆铣的区别。

2. 圆周铣和端铣有什么不同？

三、引导任务实施

1. 根据任务单给出的零件图，对零件图的加工工艺进行分析。

2.根据任务单给出的零件图，制订机械加工工艺方案。

3.根据任务单给出的零件图，填写零件加工工序卡。

四、领料单

1.每台铣床一把游标卡尺、一把千分尺。
2.每组一块材料。

五、评价

小组讨论设计本小组的学习评价表，相互评价，最后给出小组成员的得分。

任务学习的其他说明或建议：

指导老师评语：

任务完成人签字：

日期：　　年　月　日

指导老师签字：

日期：　　年　月　日

13.3 平面、台阶的铣削加工工序卡

平面、台阶的铣削加工工序卡				产品名称	零件名称		零件图号		
工序号	程序编号	材料	数 量	夹具名称	使用设备		车 间		
工步号	工步内容	切削用量				刀 具		量 具	
		V /(m/min)	n /(r/min)	f /(mm/r)	a_p /mm	编号	名称	编号	名称
编制		审核		批准			共 页	第 页	

13.4 6S和现场操作评分表

<table>
<tr><td colspan="2">学习项目名称</td><td></td><td>日　期</td><td colspan="3"></td></tr>
<tr><td colspan="2">姓　名</td><td></td><td>工 位 号</td><td colspan="3"></td></tr>
<tr><td colspan="2">开工时间</td><td></td><td>任　务</td><td colspan="3"></td></tr>
<tr><td rowspan="8">职业素养</td><td>考核项目</td><td>考核内容</td><td>自我评分(×10%)</td><td>班组评分(×30%)</td><td>教师评分(×60%)</td><td>得　分</td></tr>
<tr><td>纪律(20分)</td><td>不迟到，不早退，服从安排，打扫车间卫生。如有违反，一项扣1～3分</td><td></td><td></td><td></td><td></td></tr>
<tr><td>安全文明生产(20分)</td><td>安全着装，按要求操作车床。如有违反，一项扣1～3分</td><td></td><td></td><td></td><td></td></tr>
<tr><td>职业规范(20分)</td><td>爱护设备、量具，实训中工具、量具、刀具摆放整齐，给机床加油、清洁。如有违反，一项扣1～3分</td><td></td><td></td><td></td><td></td></tr>
<tr><td>现场要求(20分)</td><td>不玩手机，不大声喧哗，不打闹，课后清扫地面、设备，清理现场。如有违反，一项扣1～3分</td><td></td><td></td><td></td><td></td></tr>
<tr><td>工件铣削加工考核(20分)</td><td>在规定的时间内完成工件的铣削加工。根据现场情况扣分</td><td></td><td></td><td></td><td></td></tr>
<tr><td>人伤械损事故</td><td>若出现人伤械损事故，整个项目成绩记0分。该项没有加分，只有减分</td><td></td><td></td><td></td><td></td></tr>
<tr><td colspan="2">总　分</td><td></td><td></td><td></td><td></td></tr>
<tr><td colspan="3">备　注
(现场未尽事项记录)</td><td colspan="4"></td></tr>
<tr><td colspan="2">教师签字</td><td></td><td colspan="2">学生签字</td><td colspan="2"></td></tr>
</table>

13.5 零件检测评分表

零件名称	平面、台阶零件	工件编号	
零件图			

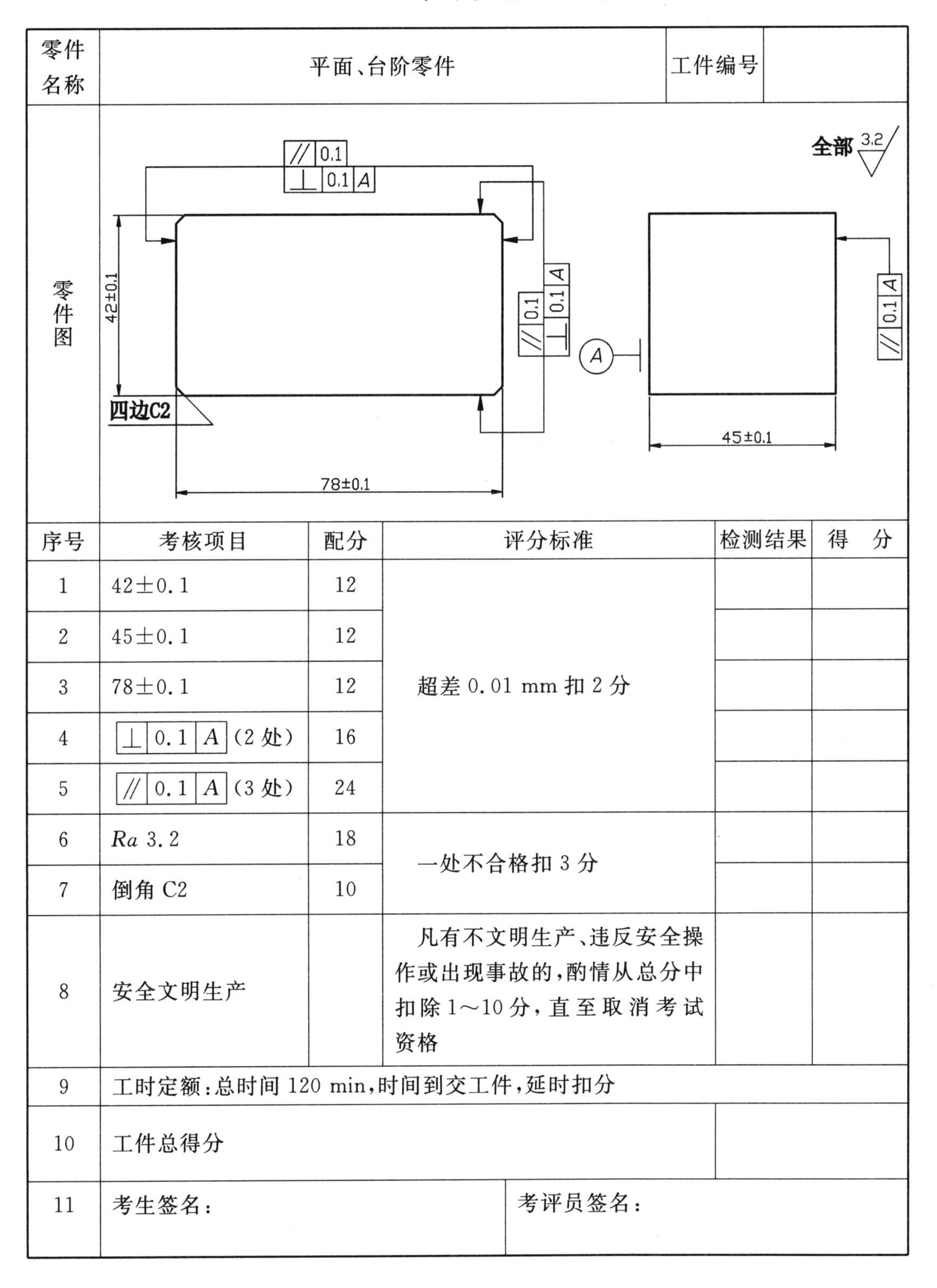

序号	考核项目	配分	评分标准	检测结果	得分
1	42±0.1	12	超差 0.01 mm 扣 2 分		
2	45±0.1	12			
3	78±0.1	12			
4	⊥ 0.1 A (2 处)	16			
5	// 0.1 A (3 处)	24			
6	*Ra* 3.2	18	一处不合格扣 3 分		
7	倒角 C2	10			
8	安全文明生产		凡有不文明生产、违反安全操作或出现事故的，酌情从总分中扣除 1～10 分，直至取消考试资格		
9	工时定额：总时间 120 min，时间到交工件，延时扣分				
10	工件总得分				
11	考生签名：		考评员签名：		

项目 14　六方体的铣削

14.1　任务单

<table>
<tr><td colspan="3">适用专业:机械设计与制造、数控技术、模具制造</td><td colspan="2">适用年级:二年级</td></tr>
<tr><td colspan="3">任务名称:六方体的铣削</td><td colspan="2">任务编号:R1-14</td></tr>
<tr><td>学习小组:</td><td>姓名:</td><td>班级:</td><td>日期:</td><td>实训室:
机床轮换车间</td></tr>
</table>

一、任务描述

加工如图 14-1 所示的螺纹轴,数量为 1 件。要求掌握分度头的操作,学会计算圆周角度的等分,掌握六方体的铣削方法,填写加工工艺卡和相关的学习资料,接受有关生产现场劳动纪律及安全生产教育,养成良好的职业素质。

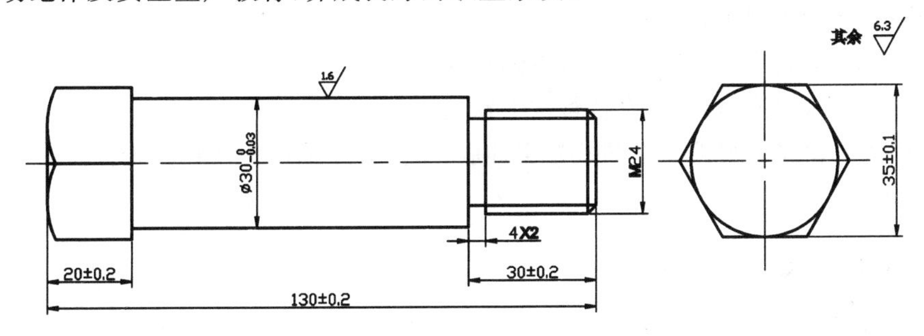

图 14-1　螺纹轴

二、相关资料及资源

相关资料:

1. 教材《金工实训》[1]的绪论及项目 14 部分。
2. 教学课件。

相关资源:

1. 普通铣床图片。
2. 教学课件。

三、任务实施说明

1. 学生分组,每小组 5～8 人。
2. 小组进行任务分析。
3. 资料学习。

4. 现场教学。
5. 小组讨论铣削时应注意的事项。
6. 小组合作，进行平面铣削操作讲解演练，小组成员补充优化。
7. 角色扮演，分小组进行讲解演示。
8. 完成14.2引导文相关内容的填写。

四、任务实施注意点

1. 学会在分度头上安装工件。
2. 了解常用铣刀的安装。
3. 了解铣削相关切削要素。
4. 会编制加工零件的工艺卡，能加工简单的六面体。
5. 注意安全操作练习。
6. 遇到问题时小组进行讨论，可让老师参与讨论，通过团队合作使问题得到解决。
7. 培养学生对铣床的日常维护保养。
8. 遵守6S相关规定：
(1)工、量、刀具要归类摆放整齐，不随意摆放。
(2)每班下课前清扫设备，设备整洁无铁屑。
(3)进入实训室必须按要求穿戴好实训服，女生必须戴好工作帽。未按要求着装者不得进入实训室。

五、知识拓展

通过查找资料等方式，了解分度头的分度原理。

任务下发人：

日期：　　年　月　日

任务执行人：

日期：　　年　月　日

14.2　引导文

<table>
<tr><td colspan="3">适用专业:机械设计与制造、数控技术、模具制造</td><td colspan="2">适用年级:二年级</td></tr>
<tr><td colspan="3">任务名称:六方体的铣削</td><td colspan="2">任务编号:R1 - 14</td></tr>
<tr><td>学习小组:</td><td>姓名:</td><td>班级:</td><td>日期:</td><td>实训室:
机床轮换车间</td></tr>
</table>

一、明确任务目的

通过学习情境 14[1] 的学习,要求学生能够做到:

1. 掌握分度头的使用方法。
2. 了解分度原理。
3. 掌握六方体的铣削方法。
4. 注意操作安全。

二、引导问题

1. 理解分度原理。

2. 分度头的使用方法。

三、引导任务实施

1. 根据任务单给出的零件图,对零件图的加工工艺进行分析。

2.根据任务单给出的零件图，制订机械加工工艺方案。

3.根据任务单给出的零件图，填写零件加工工序卡。

四、领料单

每组一根铣削加工材料。

五、评价

小组讨论设计本小组的学习评价表，相互评价，最后给出小组成员的得分。

任务学习的其他说明或建议：

指导老师评语：

任务完成人签字：

日期：　　年　月　日

指导老师签字：

日期：　　年　月　日

14.3　六方体铣削加工工序卡

六方体铣削加工工序卡				产品名称	零件名称	零件图号			
工序号	程序编号	材料	数　量	夹具名称	使用设备	车　间			
工步号	工步内容	切削用量				刀　具		量　具	
		V /(m/min)	n /(r/min)	f /(mm/r)	a_p /mm	编号	名称	编号	名称
编制		审核		批准		共　页		第　页	

14.4 6S和现场操作评分表

<table>
<tr><td colspan="2">学习项目名称</td><td colspan="2"></td><td colspan="2">日　　期</td><td colspan="2"></td></tr>
<tr><td colspan="2">姓　　名</td><td colspan="2"></td><td colspan="2">工 位 号</td><td colspan="2"></td></tr>
<tr><td colspan="2">开工时间</td><td colspan="2"></td><td colspan="2">任　　务</td><td colspan="2"></td></tr>
<tr><td rowspan="8">职业素养</td><td>考核项目</td><td colspan="2">考核内容</td><td>自我评分（×10%）</td><td>班组评分（×30%）</td><td>教师评分（×60%）</td><td>得　分</td></tr>
<tr><td>纪律（20分）</td><td colspan="2">不迟到，不早退，服从安排，打扫车间卫生。如有违反，一项扣1～3分</td><td></td><td></td><td></td><td></td></tr>
<tr><td>安全文明生产（20分）</td><td colspan="2">安全着装，按要求操作车床。如有违反，一项扣1～3分</td><td></td><td></td><td></td><td></td></tr>
<tr><td>职业规范（20分）</td><td colspan="2">爱护设备、量具，实训中工具、量具、刀具摆放整齐，给机床加油、清洁。如有违反，一项扣1～3分</td><td></td><td></td><td></td><td></td></tr>
<tr><td>现场要求（20分）</td><td colspan="2">不玩手机，不大声喧哗，不打闹，课后清扫地面、设备，清理现场。如有违反，一项扣1～3分</td><td></td><td></td><td></td><td></td></tr>
<tr><td>工件铣削加工考核（20分）</td><td colspan="2">在规定的时间内完成工件的铣削加工。根据现场情况扣分</td><td></td><td></td><td></td><td></td></tr>
<tr><td>人伤械损事故</td><td colspan="2">若出现人伤械损事故，整个项目成绩记0分。该项没有加分，只有减分</td><td></td><td></td><td></td><td></td></tr>
<tr><td colspan="3">总　　分</td><td></td><td></td><td></td><td></td></tr>
<tr><td colspan="3">备　注
（现场未尽事项记录）</td><td colspan="5"></td></tr>
<tr><td colspan="3">教师签字</td><td colspan="2"></td><td colspan="2">学生签字</td><td></td></tr>
</table>

14.5　零件检测评分表

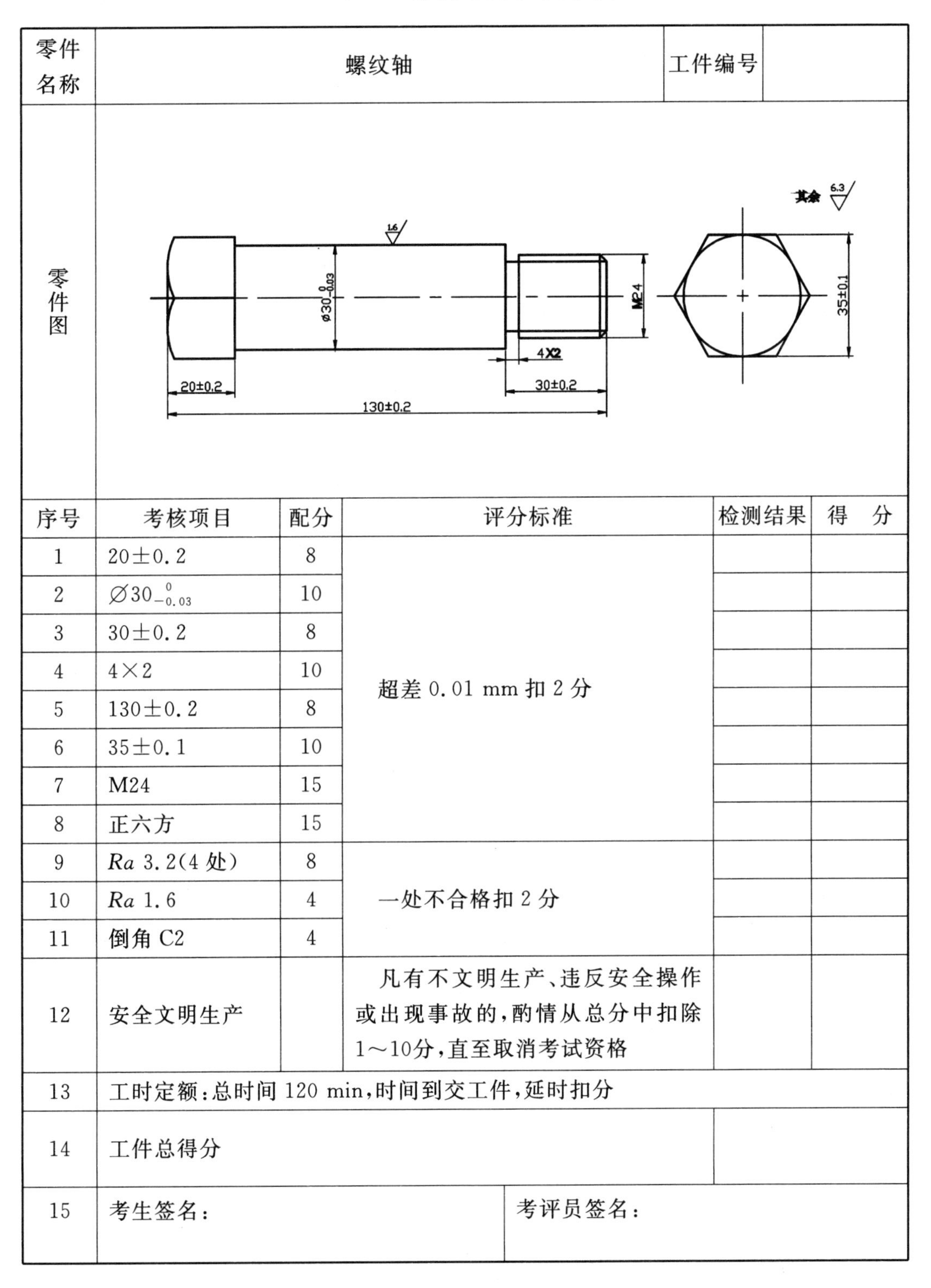

零件名称	螺纹轴			工件编号	
零件图					
序号	考核项目	配分	评分标准	检测结果	得　分
1	20±0.2	8	超差 0.01 mm 扣 2 分		
2	$\varnothing 30_{-0.03}^{0}$	10			
3	30±0.2	8			
4	4×2	10			
5	130±0.2	8			
6	35±0.1	10			
7	M24	15			
8	正六方	15			
9	*Ra* 3.2(4 处)	8	一处不合格扣 2 分		
10	*Ra* 1.6	4			
11	倒角 C2	4			
12	安全文明生产		凡有不文明生产、违反安全操作或出现事故的，酌情从总分中扣除 1～10分，直至取消考试资格		
13	工时定额：总时间 120 min，时间到交工件，延时扣分				
14	工件总得分				
15	考生签名：			考评员签名：	

项目 15　键槽的铣削

15.1　任务单

适用专业：机械设计与制造、数控技术、模具制造			适用年级：二年级	
任务名称：键槽的铣削			任务编号：R1－15	
学习小组：	姓名：	班级：	日期：	实训室： 机床轮换车间

一、任务描述

加工如图 15－1 所示的零件，数量为 1 件，毛坯为之前练习用过的棒料。要求学生掌握键槽铣削切削用量的选择，填写加工工艺卡，并按加工零件图加工出合格的零件，接受有关生产现场劳动纪律及安全生产教育，养成良好的职业素质。

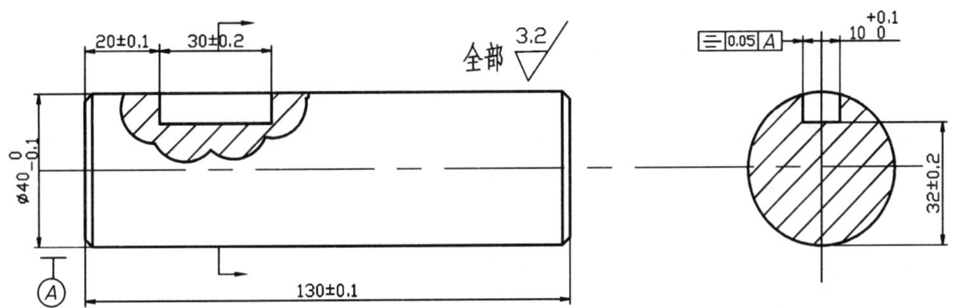

图 15－1　键槽轴

二、相关资料及资源

相关资料：

1. 教材《金工实训》[1]的绪论及项目 15 部分。
2. 教学课件。

相关资源：

1. 普通铣床图片。
2. 教学课件。

三、任务实施说明

1. 学生分组，每小组5～8人。
2. 小组进行任务分析。
3. 资料学习。
4. 现场教学。
5. 小组讨论铣削时应注意的事项。
6. 小组合作，进行铣削操作讲解演练，小组成员补充优化。
7. 角色扮演，分小组进行讲解演示。
8. 完成15.2引导文相关内容的填写。

四、任务实施注意点

1. 学会用V形块装夹工件。
2. 了解常用铣刀的安装。
3. 了解相关切削要素。
4. 会编制加工零件的工艺卡，能加工简单的键槽。
5. 注意安全操作练习。
6. 遇到问题时小组进行讨论，可让老师参与讨论，通过团队合作使问题得到解决。
7. 培养学生对铣床的日常维护保养。
8. 遵守6S相关规定：

(1)工、量、刀具要归类摆放整齐，不随意摆放。

(2)每班下课前清扫设备，设备整洁无铁屑。

(3)进入实训室必须按要求穿戴好实训服，女生必须戴好工作帽。未按要求着装者不得进入实训室。

五、知识拓展

通过查找资料等方式，了解键槽的应用。

任务下发人：

日期：　　年　月　日

任务执行人：

日期：　　年　月　日

15.2　引导文

适用专业:机械设计与制造、数控技术、模具制造			适用年级:二年级	
任务名称:键槽的铣削			任务编号:R1-15	
学习小组:	姓名:	班级:	日期:	实训室: 机床轮换车间

一、明确任务目的

通过学习情境15[1]的学习,要求学生能够做到:

1. 掌握用V形块装夹工件。
2. 掌握键槽铣刀的选择。
3. 掌握键槽铣削的方法。
4. 注意操作安全。

二、引导问题

1. 铣削键槽时工件如何安装?

2. 铣削键槽时如何对刀?

三、引导任务实施

1. 根据任务单给出的零件图,对零件图的加工工艺进行分析。

2.根据任务单给出的零件图,制订机械加工工艺方案。

3.根据任务单给出的零件图,填写零件加工工序卡。

四、领料单

每组一根铣削加工材料。

五、评价

小组讨论设计本小组的学习评价表,相互评价,最后给出小组成员的得分。

任务学习的其他说明或建议:

指导老师评语:

任务完成人签字:

日期: 年 月 日

指导老师签字:

日期: 年 月 日

15.3　键槽的铣削加工工序卡

键槽的铣削加工工序卡				产品名称		零件名称		零件图号	
工序号	程序编号	材料	数　量	夹具名称		使用设备		车　间	
工步号	工步内容	切削用量				刀　具		量　具	
		V /(m/min)	n /(r/min)	f /(mm/r)	a_p /mm	编号	名称	编号	名称
编制		审核		批准		共　页		第　页	

15.4　6S和现场操作评分表

<table>
<tr><td>学习项目名称</td><td colspan="2"></td><td colspan="2">日　　期</td><td colspan="2"></td></tr>
<tr><td>姓　　名</td><td colspan="2"></td><td colspan="2">工 位 号</td><td colspan="2"></td></tr>
<tr><td>开工时间</td><td colspan="2"></td><td colspan="2">任　　务</td><td colspan="2"></td></tr>
<tr><td rowspan="8">职业素养</td><td>考核项目</td><td>考核内容</td><td>自我评分
(×10%)</td><td>班组评分
(×30%)</td><td>教师评分
(×60%)</td><td>得　分</td></tr>
<tr><td>纪律
(20分)</td><td>不迟到，不早退，服从安排，打扫车间卫生。如有违反，一项扣1～3分</td><td></td><td></td><td></td><td></td></tr>
<tr><td>安全文明生产
(20分)</td><td>安全着装，按要求操作车床。如有违反，一项扣1～3分</td><td></td><td></td><td></td><td></td></tr>
<tr><td>职业规范
(20分)</td><td>爱护设备、量具，实训中工具、量具、刀具摆放整齐，给机床加油、清洁。如有违反，一项扣1～3分</td><td></td><td></td><td></td><td></td></tr>
<tr><td>现场要求
(20分)</td><td>不玩手机，不大声喧哗，不打闹，课后清扫地面、设备，清理现场。如有违反，一项扣1～3分</td><td></td><td></td><td></td><td></td></tr>
<tr><td>工件铣削加工考核
(20分)</td><td>在规定的时间内完成工件的铣削加工。根据现场情况扣分</td><td></td><td></td><td></td><td></td></tr>
<tr><td>人伤械损事故</td><td>若出现人伤械损事故，整个项目成绩记0分。该项没有加分，只有减分</td><td></td><td></td><td></td><td></td></tr>
<tr><td colspan="2">总　　分</td><td></td><td></td><td></td><td></td></tr>
<tr><td colspan="2">备　注

(现场未尽事项记录)</td><td colspan="5"></td></tr>
<tr><td colspan="2">教师签字</td><td></td><td colspan="2">学生签字</td><td colspan="2"></td></tr>
</table>

15.5　零件检测评分表

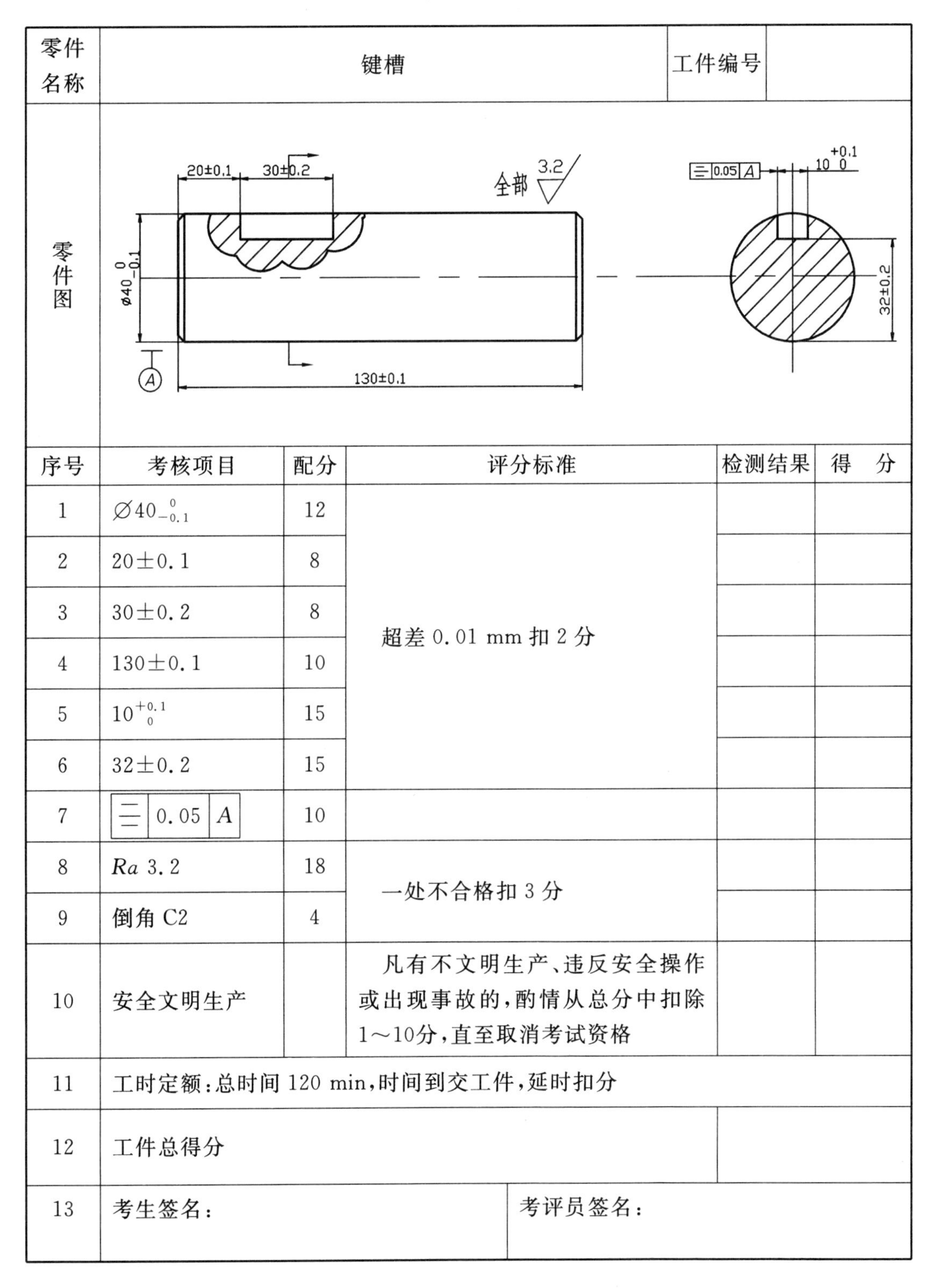

零件名称	键槽			工件编号	
零件图					
序号	考核项目	配分	评分标准	检测结果	得　分
1	$\varnothing 40_{-0.1}^{0}$	12	超差 0.01 mm 扣 2 分		
2	20±0.1	8			
3	30±0.2	8			
4	130±0.1	10			
5	$10_{0}^{+0.1}$	15			
6	32±0.2	15			
7	⌯ 0.05 A	10			
8	*Ra* 3.2	18	一处不合格扣 3 分		
9	倒角 C2	4			
10	安全文明生产		凡有不文明生产、违反安全操作或出现事故的，酌情从总分中扣除 1～10分，直至取消考试资格		
11	工时定额：总时间 120 min，时间到交工件，延时扣分				
12	工件总得分				
13	考生签名：			考评员签名：	

项目 16　外圆柱表面的磨削

16.1　任务单

适用专业:机械设计与制造、数控技术、模具制造			适用年级:二年级	
任务名称:外圆柱表面的磨削			任务编号:R1－16	
学习小组:	姓名:	班级:	日期:	实训室: 机床轮换车间

一、任务描述

通过项目实训使学生了解外圆磨床(见图 16－1)的一般结构和基本工作原理。要求掌握外圆磨床的功能及其操作方法,接受有关的生产劳动纪律及安全生产教育,养成良好的职业素质。

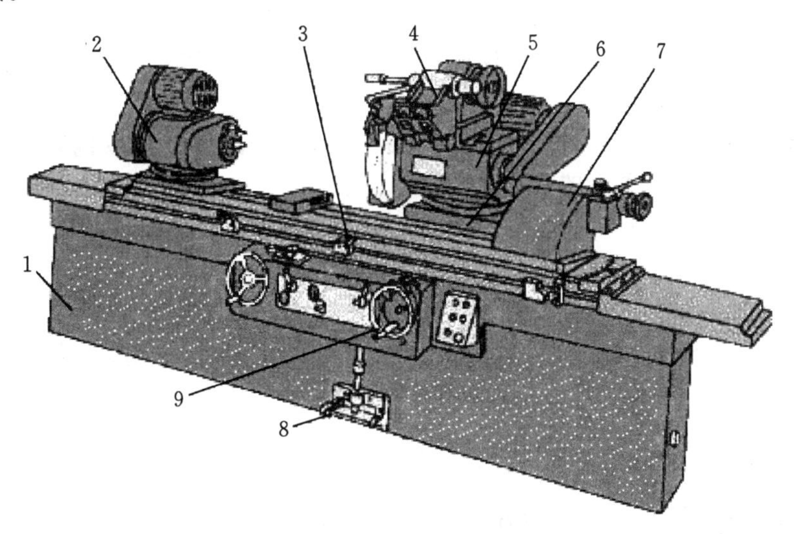

1—床身;2—头架;3—工作台;4—内圆磨具;5—砂轮架;
6—滑鞍;7—尾座;8—脚踏操纵板;9—横向进给手轮。

图 16－1　M1432A 型万能外圆磨床外观图

二、相关资料及资源

相关资料:

1. 教材《金工实训》[1]的绪论及项目 16 部分。
2. 教学课件。

相关资源:

1.普通铣床图片。
2.教学课件。

三、任务实施说明

1.学生分组,每小组5~8人。
2.小组进行任务分析。
3.资料学习。
4.现场教学。
5.小组讨论磨床操作时应注意的安全事项。
6.小组合作,进行磨床操作讲解演练,小组成员补充优化。
7.角色扮演,分小组进行讲解演示。
8.完成16.2引导文相关内容的填写。

四、任务实施注意点

1.注意观察外圆磨床的结构和传动原理。
2.注意观察外圆磨床的每一个操作手柄的功能和操作方法。
3.注意安全操作练习。
4.遇到问题时小组进行讨论,可让老师参与讨论,通过团队合作使问题得到解决。
5.培养学生对外圆磨床的日常维护保养。
6.培养学生遵守6S相关规定。
(1)工、量、刀具要归类摆放整齐,不随意摆放。
(2)每班下课前清扫设备,设备整洁无铁屑。
(3)进入实训室必须按要求穿戴好实训服,女生必须戴好工作帽。未按要求着装者不得进入实训室。

五、知识拓展

1.通过查找资料等方式,了解普通磨床的加工原理和加工范围。
2.查找资料,了解磨削加工除了用外圆磨床外,还可以用哪些类型的磨床。

任务下发人:

日期: 年 月 日

任务执行人:

日期: 年 月 日

16.2　引导文

<table>
<tr><td colspan="3">适用专业:机械设计与制造、数控技术、模具制造</td><td colspan="2">适用年级:二年级</td></tr>
<tr><td colspan="3">任务名称:外圆柱表面的磨削</td><td colspan="2">任务编号:R1-16</td></tr>
<tr><td>学习小组:</td><td>姓名:</td><td>班级:</td><td>日期:</td><td>实训室:
机床轮换车间</td></tr>
</table>

一、明确任务目的

通过学习情境16[1]的学习,要求学生能够做到:

1.了解磨床的型号、各部分名称及作用。

2.了解磨床的传动系统。

3.懂得磨床的一般维护及保养。

4.了解车间安全制度、磨床操作安全知识。

二、引导问题

1.了解操作磨床时应注意的安全事项。

2.普通磨床有哪些加工特点?

3.磨床的型号是如何标注的?

4.如何对磨床进行日常维护保养?

三、引导任务实施

1. 根据 16.1 任务单说出外圆磨床各个手柄的功能。

2. 能够识别不同型号的磨床及其含义。

3. 磨床的日常维护保养。

四、评价

小组讨论设计本小组的学习评价表，相互评价，最后给出小组成员的得分。

任务学习的其他说明或建议：

指导老师评语：

任务完成人签字：

日期：　　年　月　日

指导老师签字：

日期：　　年　月　日

16.3　6S 和现场操作评分表

<table>
<tr><td colspan="2">学习项目名称</td><td></td><td>日　期</td><td colspan="3"></td></tr>
<tr><td colspan="2">姓　名</td><td></td><td>工 位 号</td><td colspan="3"></td></tr>
<tr><td colspan="2">开工时间</td><td></td><td>任　务</td><td colspan="3"></td></tr>
<tr><td rowspan="8">职业素养</td><td>考核项目</td><td>考核内容</td><td>自我评分（×10%）</td><td>班组评分（×30%）</td><td>教师评分（×60%）</td><td>得　分</td></tr>
<tr><td>纪律（20 分）</td><td>不迟到，不早退，服从安排，打扫车间卫生。如有违反，一项扣 1～3 分</td><td></td><td></td><td></td><td></td></tr>
<tr><td>安全文明生产（20 分）</td><td>安全着装，按要求操作车床。如有违反，一项扣 1～3 分</td><td></td><td></td><td></td><td></td></tr>
<tr><td>职业规范（20 分）</td><td>爱护设备、量具，实训中工具、量具、刀具摆放整齐，给机床加油、清洁。如有违反，一项扣 1～3 分</td><td></td><td></td><td></td><td></td></tr>
<tr><td>现场要求（20 分）</td><td>不玩手机，不大声喧哗，不打闹，课后清扫地面、设备，清理现场。如有违反，一项扣 1～3 分</td><td></td><td></td><td></td><td></td></tr>
<tr><td>认知磨床各部名称（20 分）</td><td>对磨床各部分进行认知考核，错误一次扣 1～3 分</td><td></td><td></td><td></td><td></td></tr>
<tr><td>人伤械损事故</td><td>若出现人伤械损事故，整个项目成绩记 0 分。该项没有加分，只有减分</td><td></td><td></td><td></td><td></td></tr>
<tr><td colspan="2">总　分</td><td></td><td></td><td></td><td></td></tr>
<tr><td colspan="2">备　注
（现场未尽事项记录）</td><td colspan="5"></td></tr>
<tr><td colspan="2">教师签字</td><td></td><td>学生签字</td><td colspan="3"></td></tr>
</table>

项目 17　车削梯形螺纹

17.1　任务单

适用专业:机械设计与制造、数控技术、模具制造			适用年级:二年级	
任务名称:车削梯形螺纹			任务编号:R1 - 17	
学习小组:	姓名:	班级:	日期:	实训室: 车工实训室

一、任务描述

加工梯形螺纹轴,如图 17 - 1 所示,要求:

1. 掌握梯形螺纹车刀的刃磨方法和刃磨要求。
2. 掌握梯形螺纹的车削及测量检查方法。
3. 按零件图的技术要求加工梯形螺纹轴。
4. 填写加工工序卡和相关的学习资料。

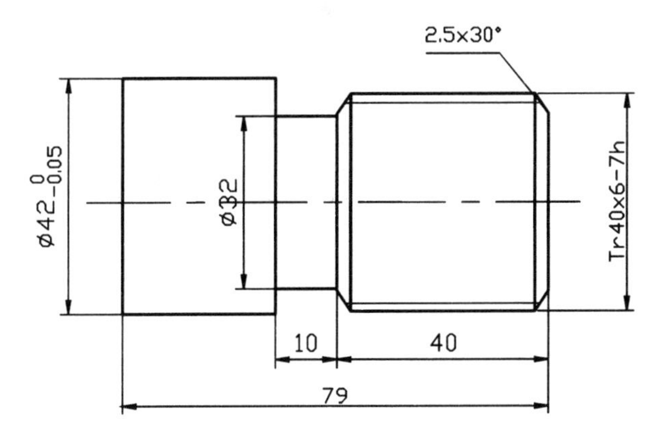

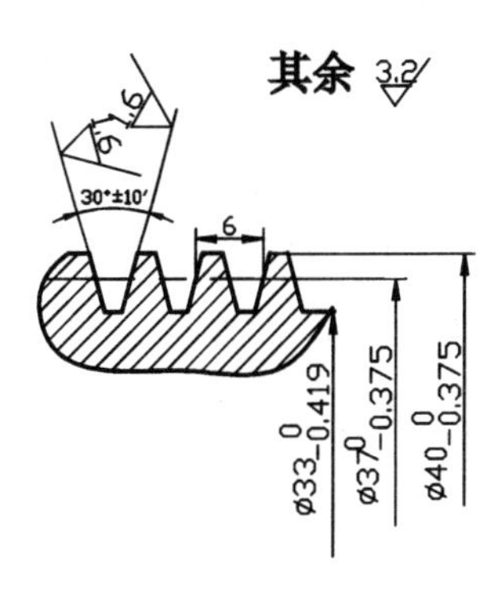

图 17 - 1　梯形螺纹轴

二、相关资料及资源

相关资料:

1. 教材《金工实训》[1]的绪论及项目 17 部分。
2. 教学课件。

相关资源:

1. 零件图。
2. 教学课件。

三、任务实施说明

1. 学生分组，每小组5～8人。
2. 小组进行任务分析。
3. 资料学习。
4. 现场教学。
5. 小组讨论梯形螺纹车削时应注意的问题。
6. 小组合作，进行梯形螺纹车削操作讲解演练，小组成员补充优化。
7. 角色扮演，分小组进行讲解演示。
8. 完成17.2引导文相关内容的填写。

四、任务实施注意点

1. 掌握梯形螺纹的车削方法和检查方法。
2. 基本能解决车削梯形螺纹时出现的问题。
3. 注意安全操作练习。
4. 遇到问题时小组进行讨论，可让老师参与讨论，通过团队合作使问题得到解决。
5. 积极参与实训室6S管理，在实训中培养良好的职业素养。
6. 培养学生遵守6S相关规定：

(1)工、量、刀具要归类摆放整齐，不随意摆放。

(2)每班下课前清扫设备及场地。

(3)进入实训室必须按要求穿戴好实训服，女生必须戴好工作帽。未按要求着装者不得进入实训室。

五、知识拓展

通过查找资料等方式，了解螺纹的种类和用途。

任务下发人：

日期：　　年　月　日

任务执行人：

日期：　　年　月　日

17.2　引导文

<table>
<tr><td colspan="3">适用专业：机械设计与制造、数控技术、模具制造</td><td colspan="2">适用年级：二年级</td></tr>
<tr><td colspan="3">任务名称：车削梯形螺纹</td><td colspan="2">任务编号：R1－17</td></tr>
<tr><td>学习小组：</td><td>姓名：</td><td>班级：</td><td>日期：</td><td>实训室：
车工实训室</td></tr>
</table>

一、明确任务目的

通过学习情境 17[1]的学习，要求学生能够做到：

1. 熟记梯形螺纹的规格、代号及表示方法。
2. 掌握梯形螺纹车刀的刃磨方法和要求。
3. 掌握梯形螺纹的车削方法。
4. 掌握梯形螺纹的测量检查方法。
5. 安全文明实训。

二、引导问题

1. 梯形螺纹车刀的几何角度及刃磨要求。

2. 梯形螺纹的车削方法有几种？

3. 如何对梯形螺纹进行检测？

三、引导任务实施

1.根据任务单给出的零件图,对零件图的加工工艺进行分析。

2.根据任务单给出的零件图,制订机械加工工艺方案。

3.根据任务单给出的零件图,填写零件加工工序卡。

四、领料单

1.每台车床一把游标卡尺、一把千分尺、一把公法线千分尺。
2.每人一根材料。

五、评价

小组讨论设计本小组的学习评价表,相互评价,最后给出小组成员的得分。

任务学习的其他说明或建议:

指导老师评语:

任务完成人签字:

日期: 年 月 日

指导老师签字:

日期: 年 月 日

17.3　车削梯形螺纹加工工序卡

车削梯形螺纹加工工序卡	产品名称	零件名称	零件图号

工序号	程序编号	材料	数　量	夹具名称	使用设备	车　间

工步号	工步内容	切削用量				刀　具		量　具	
		V /(m/min)	n /(r/min)	f /(mm/r)	a_p /mm	编号	名称	编号	名称

编制		审核		批准		共　页	第　页

17.4 6S和现场操作评分表

<table>
<tr><td colspan="2">学习项目名称</td><td></td><td colspan="2">日　期</td><td colspan="2"></td></tr>
<tr><td colspan="2">姓　名</td><td></td><td colspan="2">工位号</td><td colspan="2"></td></tr>
<tr><td colspan="2">开工时间</td><td></td><td colspan="2">任　务</td><td colspan="2"></td></tr>
<tr><td rowspan="8">职业素养</td><td>考核项目</td><td>考核内容</td><td>自我评分
(×10%)</td><td>班组评分
(×30%)</td><td>教师评分
(×60%)</td><td>得　分</td></tr>
<tr><td>纪律
(20分)</td><td>不迟到，不早退，服从安排，打扫车间卫生。如有违反，一项扣1～3分</td><td></td><td></td><td></td><td></td></tr>
<tr><td>安全文明生产
(20分)</td><td>安全着装，按要求操作车床。如有违反，一项扣1～3分</td><td></td><td></td><td></td><td></td></tr>
<tr><td>职业规范
(20分)</td><td>爱护设备、量具，实训中工具、量具、刀具摆放整齐，给机床加油、清洁。如有违反，一项扣1～3分</td><td></td><td></td><td></td><td></td></tr>
<tr><td>现场要求
(20分)</td><td>不玩手机，不大声喧哗，不打闹，课后清扫地面、设备，清理现场。如有违反，一项扣1～3分</td><td></td><td></td><td></td><td></td></tr>
<tr><td>工件车削加工考核
(20分)</td><td>在规定的时间内完成工件的车削加工。根据现场情况扣分</td><td></td><td></td><td></td><td></td></tr>
<tr><td>人伤械损事故</td><td>若出现人伤械损事故，整个项目成绩记0分。该项没有加分，只有减分</td><td></td><td></td><td></td><td></td></tr>
<tr><td colspan="2">总　分</td><td></td><td></td><td></td><td></td></tr>
<tr><td colspan="2">备　注
(现场未尽事项记录)</td><td colspan="5"></td></tr>
<tr><td colspan="2">教师签字</td><td colspan="2"></td><td colspan="2">学生签字</td><td></td></tr>
</table>

17.5　零件检测评分表

零件名称	梯形螺纹轴			工件编号		
零件图	⌀42$_{-0.05}^{0}$　⌀32　2.5×30°　Tr40×6-7h　10　40　79　其余 3.2　1.6　30°±10′　6　⌀33$_{-0.419}^{0}$　⌀37$_{-0.375}^{0}$　⌀40$_{-0.375}^{0}$					
序号	考核项目		配分	评分标准	检测结果	得　分
1	∅42$_{-0.05}^{0}$		10	超差 0.01 mm 扣 2 分		
2	79		8			
3	10		5			
4	40		5			
5	∅32		5			
6	梯形螺纹	大径∅40$_{-0.375}^{0}$	10			
		中径∅37$_{-0.375}^{0}$	20			
		小径∅33$_{-0.419}^{0}$	10			
		角度 30°±10′	6			
7	*Ra* 3.2(4 处)		8	一处不合格扣 2 分		
	Ra 1.6(2 处)		8			
8	倒角 C2		5			
9	安全文明生产			凡有不文明生产、违反安全操作或出现事故的，酌情从总分中扣除 1～10 分，直至取消考试资格		
10	工时定额：总时间 120 min，时间到交工件，延时扣分					
11	工件总得分					
12	考生签名：			考评员签名：		

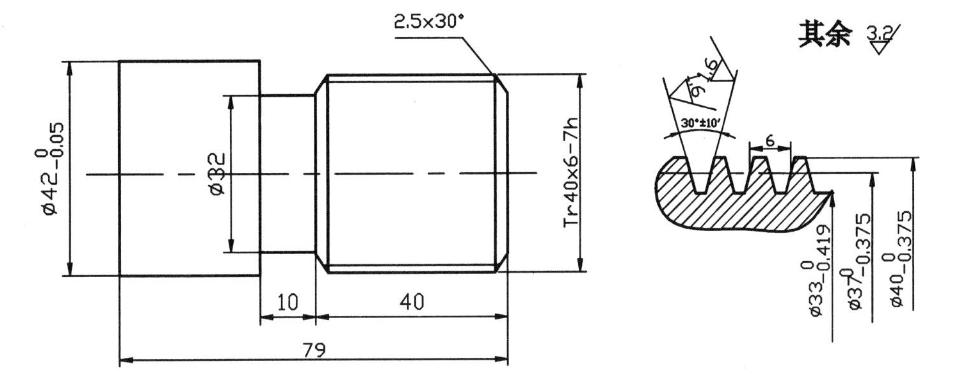

项目 18　车削蜗杆、多线螺纹

18.1　任务单

适用专业:机械设计与制造、数控技术、模具制造			适用年级:二年级	
任务名称:车削蜗杆、多线螺纹			任务编号:R1－18	
学习小组:	姓名:	班级:	日期:	实训室: 车工实训室

一、任务描述

加工蜗杆、多线螺纹轴,零件如图 18－1 所示,要求:

1. 掌握蜗杆螺纹车刀的刃磨方法和安装要求。
2. 掌握蜗杆的车削方法和齿厚测量法,掌握多线螺纹的分头方法。
3. 按零件图技术要求加工螺纹轴。
4. 填写加工工序卡和相关的学习资料

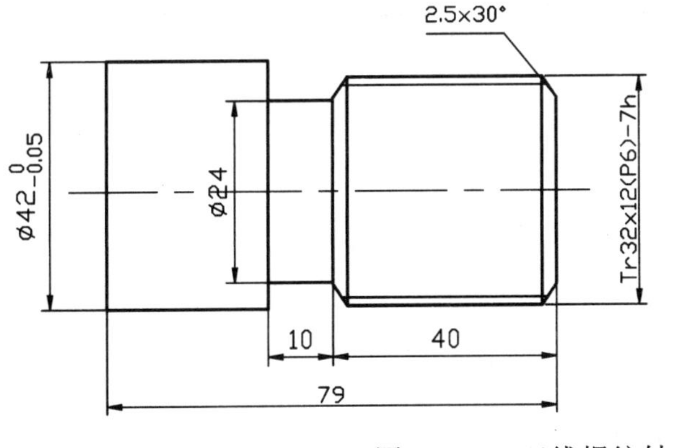

图 18－1　双线螺纹轴

二、相关资料及资源

相关资料:

1. 教材《金工实训》[1]的绪论及项目 18 部分。
2. 教学课件。

相关资源:

1. 零件图。
2. 教学课件。

三、任务实施说明

1.学生分组，每小组5～8人。
2.小组进行任务分析。
3.资料学习。
4.现场教学。
5.小组讨论蜗杆、多线螺纹车削时应注意的问题。
6.小组合作，进行蜗杆、多线螺纹车削操作讲解演练，小组成员补充优化。
7.角色扮演，分小组进行讲解演示。
8.完成18.2引导文相关内容的填写。

四、任务实施注意点

1.车削蜗杆前，掌握有关车削蜗杆各部分尺寸的计算。
2.基本能解决车削蜗杆时出现的问题。
3.正确掌握蜗杆的齿厚测量。
4.注意安全操作练习。
5.遇到问题时小组进行讨论，可让老师参与讨论，通过团队合作使问题得到解决。
6.实训中培养良好的职业素养。
7.培养学生遵守6S相关规定：
(1)工、量、刀具要归类摆放整齐，不随意摆放。
(2)每班下课前清扫设备及场地。
(3)进入实训室必须按要求穿戴好实训服，女生必须戴好工作帽。未按要求着装者不得进入实训室。

五、知识拓展

通过查找资料等方式，了解蜗杆种类和用途。

任务下发人：

日期：　　年　月　日

任务执行人：

日期：　　年　月　日

18.2　引导文

<table>
<tr><td colspan="3">适用专业:机械设计与制造、数控技术、模具制造</td><td colspan="2">适用年级:二年级</td></tr>
<tr><td colspan="3">任务名称:车削蜗杆、多线螺纹</td><td colspan="2">任务编号:R1-18</td></tr>
<tr><td>学习小组:</td><td>姓名:</td><td>班级:</td><td>日期:</td><td>实训室:
车工实训室</td></tr>
</table>

一、明确任务目的

通过学习情境 18[1] 的学习,要求学生能够做到:

1. 熟记蜗杆的规格、代号及表示方法。
2. 掌握蜗杆螺纹车刀的几何形状及刃磨要求。
3. 掌握蜗杆的车削方法
4. 掌握蜗杆的测量检查方法。
5. 安全文明实训。

二、引导问题

1. 蜗杆的种类有哪些?

2. 蜗杆螺纹车刀的几何角度和刃磨方法。

3. 如何对蜗杆进行检测?

三、引导任务实施

1. 根据任务单给出的零件图，对零件图的加工工艺进行分析。

2. 根据任务单给出的零件图，制订机械加工工艺方案。

3. 根据任务单给出的零件图，填写零件加工工序卡。

四、领料单

1. 每台车床一把游标卡尺、一把千分尺、公法线千分尺。
2. 每人一根材料(项目17加工成型的零件)。

五、评价

小组讨论设计本小组的学习评价表，相互评价，最后给出小组成员的得分。

任务学习的其他说明或建议：

指导老师评语：

任务完成人签字：

日期：　　年　月　日

指导老师签字：

日期：　　年　月　日

18.3　车削蜗杆、多线螺纹加工工序卡

车削蜗杆、多线螺纹加工工序卡				产品名称	零件名称	零件图号
工序号	程序编号	材料	数　量	夹具名称	使用设备	车　间

工步号	工步内容	切削用量				刀　具		量　具	
		V /(m/min)	n /(r/min)	f /(mm/r)	a_p /mm	编号	名称	编号	名称

编制		审核		批准		共　页	第　页

18.4 6S和现场操作评分表

<table>
<tr><td colspan="2">学习项目名称</td><td colspan="2"></td><td colspan="2">日　期</td><td colspan="2"></td></tr>
<tr><td colspan="2">姓　名</td><td colspan="2"></td><td colspan="2">工位号</td><td colspan="2"></td></tr>
<tr><td colspan="2">开工时间</td><td colspan="2"></td><td colspan="2">任　务</td><td colspan="2"></td></tr>
<tr><td rowspan="8">职业素养</td><td>考核项目</td><td colspan="2">考核内容</td><td>自我评分（×10%）</td><td>班组评分（×30%）</td><td>教师评分（×60%）</td><td>得　分</td></tr>
<tr><td>纪律（20分）</td><td colspan="2">不迟到，不早退，服从安排，打扫车间卫生。如有违反，一项扣1～3分</td><td></td><td></td><td></td><td></td></tr>
<tr><td>安全文明生产（20分）</td><td colspan="2">安全着装，按要求操作车床。如有违反，一项扣1～3分</td><td></td><td></td><td></td><td></td></tr>
<tr><td>职业规范（20分）</td><td colspan="2">爱护设备、量具，实训中工具、量具、刀具摆放整齐，给机床加油、清洁。如有违反，一项扣1～3分</td><td></td><td></td><td></td><td></td></tr>
<tr><td>现场要求（20分）</td><td colspan="2">不玩手机，不大声喧哗，不打闹，课后清扫地面、设备，清理现场。如有违反，一项扣1～3分</td><td></td><td></td><td></td><td></td></tr>
<tr><td>工件车削加工考核（20分）</td><td colspan="2">在规定的时间内完成工件的车削加工。根据现场情况扣分</td><td></td><td></td><td></td><td></td></tr>
<tr><td>人伤械损事故</td><td colspan="2">若出现人伤械损事故，整个项目成绩记0分。该项没有加分，只有减分</td><td></td><td></td><td></td><td></td></tr>
<tr><td colspan="3">总　分</td><td></td><td></td><td></td><td></td></tr>
<tr><td colspan="2">备　注
（现场未尽事项记录）</td><td colspan="6"></td></tr>
<tr><td colspan="2">教师签字</td><td colspan="2"></td><td colspan="2">学生签字</td><td colspan="2"></td></tr>
</table>

18.5　零件检测评分表

<table>
<tr><td>零件名称</td><td colspan="3">双线螺纹轴</td><td>工件编号</td><td colspan="2"></td></tr>
<tr><td>零件图</td><td colspan="6"> 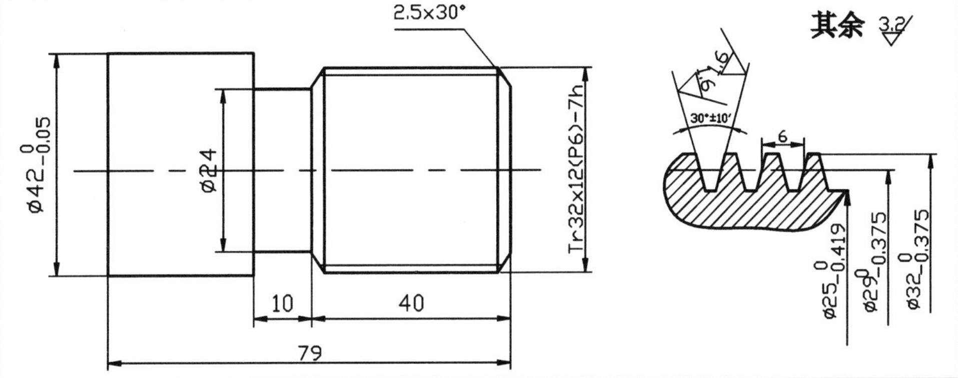2.5×30°　其余 3.2　Ø42$_{-0.05}^{0}$　Ø24　Tr32×12(P6)-7h　10　40　79　1.6　30°±10′　6　Ø25$_{-0.419}^{0}$　Ø29$_{-0.375}^{0}$　Ø32$_{-0.375}^{0}$</td></tr>
<tr><td>序号</td><td colspan="2">考核项目</td><td>配分</td><td>评分标准</td><td>检测结果</td><td>得　分</td></tr>
<tr><td>1</td><td colspan="2">∅42$_{-0.05}^{0}$</td><td>8</td><td rowspan="11">超差 0.01 mm 扣 2 分</td><td></td><td></td></tr>
<tr><td>2</td><td colspan="2">79</td><td>6</td><td></td><td></td></tr>
<tr><td>3</td><td colspan="2">10</td><td>5</td><td></td><td></td></tr>
<tr><td>4</td><td colspan="2">40</td><td>5</td><td></td><td></td></tr>
<tr><td>5</td><td colspan="2">∅24</td><td>5</td><td></td><td></td></tr>
<tr><td rowspan="6">6</td><td rowspan="6">梯形螺纹</td><td>大径∅32$_{-0.375}^{0}$</td><td>8</td><td></td><td></td></tr>
<tr><td>中径∅29$_{-0.375}^{0}$</td><td>16</td><td></td><td></td></tr>
<tr><td>小径∅25$_{-0.419}^{0}$</td><td>8</td><td></td><td></td></tr>
<tr><td>角度 30°±10′</td><td>5</td><td></td><td></td></tr>
<tr><td>螺距 P6</td><td>6</td><td></td><td></td></tr>
<tr><td>导程 12</td><td>6</td><td></td><td></td></tr>
<tr><td rowspan="2">7</td><td colspan="2">Ra 3.2(4 处)</td><td>8</td><td rowspan="3">一处不合格扣 2 分</td><td></td><td></td></tr>
<tr><td colspan="2">Ra 1.6(2 处)</td><td>8</td><td></td><td></td></tr>
<tr><td>8</td><td colspan="2">倒角 C2</td><td>6</td><td></td><td></td></tr>
<tr><td>9</td><td colspan="2">安全文明生产</td><td></td><td>凡有不文明生产、违反安全操作或出现事故的，酌情从总分中扣除1～10分，直至取消考试资格</td><td></td><td></td></tr>
<tr><td>10</td><td colspan="6">工时定额：总时间 120 min，时间到交工件，延时扣分</td></tr>
<tr><td>11</td><td colspan="4">工件总得分</td><td colspan="2"></td></tr>
<tr><td>12</td><td colspan="3">考生签名：</td><td colspan="3">考评员签名：</td></tr>
</table>

项目 19　车削偏心工件

19.1　任务单

适用专业:机械设计与制造、数控技术、模具制造			适用年级:二年级	
任务名称:车削偏心工件			任务编号:R1－19	
学习小组:	姓名:	班级:	日期:	实训室: 车工实训室

一、任务描述

加工如图 19－1 所示的零件,加工数量为 1 件,毛坯用项目 18 加工成型的零件。要求学生掌握用三爪卡盘和四爪卡盘加工偏心工件的方法,填写加工工艺卡和相关的学习资料,能够按图纸上技术要求加工出合格的零件。

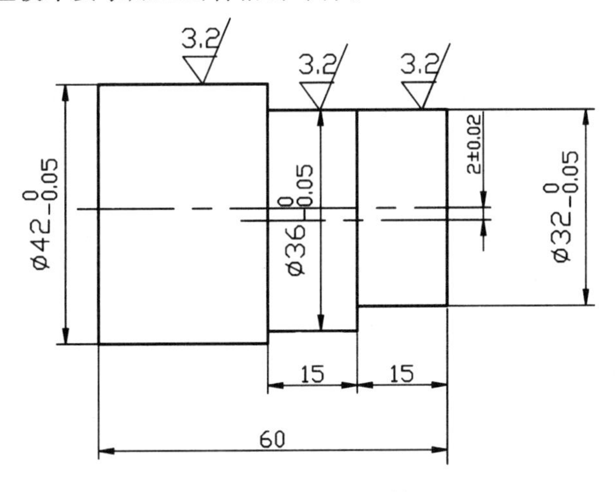

图 19－1　偏心轴

二、相关资料及资源

相关资料:

1. 教材《金工实训》[1]的绪论及项目 19 部分。
2. 教学课件。

相关资源:

1. 零件图。
2. 教学课件。

三、任务实施说明

1. 学生分组,每小组 5～8 人。
2. 小组进行任务分析。
3. 资料学习。
4. 现场教学。
5. 小组讨论车削偏心工件时应注意的问题。
6. 小组合作,进行偏心工件划线、校正操作讲解演练,小组成员补充优化。
7. 角色扮演,分小组进行讲解演示。
8. 完成 19.2 引导文相关内容的填写。

四、任务实施注意点

1. 偏心工件的划线和检查,一定要认真仔细。
2. 偏心距的校正一定要耐心细致。
3. 基本能解决车削偏心工件时出现的问题。
4. 注意安全操作练习。
5. 遇到问题时小组进行讨论,可让老师参与讨论,通过团队合作使问题得到解决。
6. 遵守 6S 相关规定:

(1)工、量、刀具要归类摆放整齐,不随意摆放。

(2)每班下课前清扫设备及场地。

(3)进入实训室必须按要求穿戴好实训服,女生必须戴好工作帽。未按要求着装者不得进入实训室。

五、知识拓展

通过查找资料等方式,了解偏心工件的种类和用途。

任务下发人:

日期:　　年　月　日

任务执行人:

日期:　　年　月　日

19.2　引导文

<table>
<tr><td colspan="3">适用专业：机械设计与制造、数控技术、模具制造</td><td colspan="2">适用年级：二年级</td></tr>
<tr><td colspan="3">任务名称：车削偏心工件</td><td colspan="2">任务编号：R1－19</td></tr>
<tr><td>学习小组：</td><td>姓名：</td><td>班级：</td><td>日期：</td><td>实训室：
车工实训室</td></tr>
</table>

一、明确任务目的

通过学习情境 19[1]的学习，要求学生能够做到：

1. 掌握偏心工件的划线方法和步骤。
2. 掌握在四爪卡盘上校正偏心距的方法和步骤。
3. 掌握在四爪卡盘上车削偏心工件的方法。
4. 安全文明实训。

二、引导问题

1. 列举出偏心工件的用途。

2. 车削偏心工件时应注意的事项。

3. 如何对偏心工件进行检测？

三、引导任务实施

1. 根据任务单给出的零件图，对零件图的加工工艺进行分析。

2. 根据任务单给出的零件图，制订机械加工工艺方案。

3. 根据任务单给出的零件图，填写零件加工工序卡。

四、领料单

1. 每台车床一把游标卡尺、一把千分尺、一把百分表。
2. 每人一根材料。

五、评价

小组讨论设计本小组的学习评价表，相互评价，最后给出小组成员的得分。

任务学习的其他说明或建议：

指导老师评语：

任务完成人签字：

日期：　　年　月　日

指导老师签字：

日期：　　年　月　日

19.3 车削偏心工件加工工序卡

车削偏心工件加工工序卡	产品名称	零件名称	零件图号

工序号	程序编号	材料	数　量	夹具名称	使用设备	车　间

工步号	工步内容	切削用量				刀　具		量　具	
		V /(m/min)	n /(r/min)	f /(mm/r)	a_p /mm	编号	名称	编号	名称

编制		审核		批准		共　页	第　页

19.4 6S和现场操作评分表

<table>
<tr><td colspan="2">学习项目名称</td><td colspan="2"></td><td>日　　期</td><td colspan="3"></td></tr>
<tr><td colspan="2">姓　　名</td><td colspan="2"></td><td>工 位 号</td><td colspan="3"></td></tr>
<tr><td colspan="2">开工时间</td><td colspan="2"></td><td>任　　务</td><td colspan="3"></td></tr>
<tr><td rowspan="8">职业素养</td><td>考核项目</td><td colspan="2">考核内容</td><td>自我评分（×10%）</td><td>班组评分（×30%）</td><td>教师评分（×60%）</td><td>得　分</td></tr>
<tr><td>纪律（20分）</td><td colspan="2">不迟到，不早退，服从安排，打扫车间卫生。如有违反，一项扣1～3分</td><td></td><td></td><td></td><td></td></tr>
<tr><td>安全文明生产（20分）</td><td colspan="2">安全着装，按要求操作车床。如有违反，一项扣1～3分</td><td></td><td></td><td></td><td></td></tr>
<tr><td>职业规范（20分）</td><td colspan="2">爱护设备、量具，实训中工具、量具、刀具摆放整齐，给机床加油、清洁。如有违反，一项扣1～3分</td><td></td><td></td><td></td><td></td></tr>
<tr><td>现场要求（20分）</td><td colspan="2">不玩手机，不大声喧哗，不打闹，课后清扫地面、设备，清理现场。如有违反，一项扣1～3分</td><td></td><td></td><td></td><td></td></tr>
<tr><td>工件车削加工考核（20分）</td><td colspan="2">在规定的时间内完成工件的车削加工。根据现场情况扣分</td><td></td><td></td><td></td><td></td></tr>
<tr><td>人伤械损事故</td><td colspan="2">若出现人伤械损事故，整个项目成绩记0分。该项没有加分，只有减分</td><td></td><td></td><td></td><td></td></tr>
<tr><td colspan="3">总　　分</td><td></td><td></td><td></td><td></td></tr>
<tr><td colspan="2">备　注
（现场未尽事项记录）</td><td colspan="6"></td></tr>
<tr><td colspan="2">教师签字</td><td></td><td colspan="2">学生签字</td><td colspan="3"></td></tr>
</table>

19.5　零件检测评分表

<table>
<tr><td>零件名称</td><td colspan="3">偏心轴</td><td>工件编号</td><td></td></tr>
<tr><td>零件图</td><td colspan="5"> 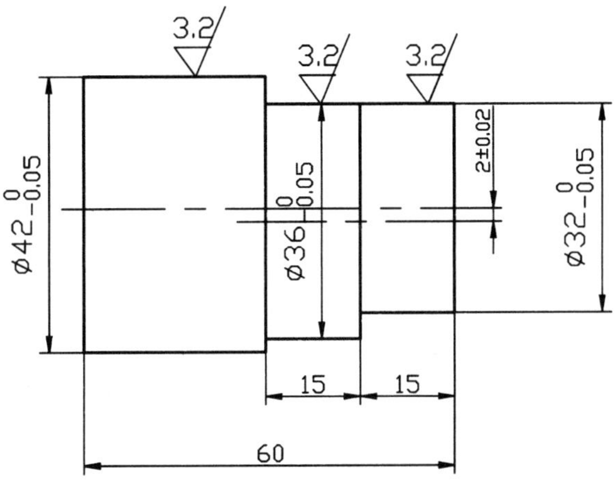</td></tr>
<tr><td>序号</td><td>考核项目</td><td>配分</td><td>评分标准</td><td>检测结果</td><td>得　分</td></tr>
<tr><td>1</td><td>$\varnothing 42_{-0.05}^{0}$</td><td>15</td><td rowspan="7">超差 0.01 mm 扣 2 分</td><td></td><td></td></tr>
<tr><td>2</td><td>$\varnothing 36_{-0.05}^{0}$</td><td>15</td><td></td><td></td></tr>
<tr><td>3</td><td>$\varnothing 32_{-0.05}^{0}$</td><td>15</td><td></td><td></td></tr>
<tr><td>4</td><td>2±0.02</td><td>20</td><td></td><td></td></tr>
<tr><td>5</td><td>15</td><td>5</td><td></td><td></td></tr>
<tr><td>6</td><td>15</td><td>5</td><td></td><td></td></tr>
<tr><td>7</td><td>60</td><td>10</td><td></td><td></td></tr>
<tr><td>8</td><td>*Ra* 3.2</td><td>10</td><td rowspan="2">一处不合格扣 2 分</td><td></td><td></td></tr>
<tr><td>9</td><td>倒毛刺</td><td>5</td><td></td><td></td></tr>
<tr><td>10</td><td>安全文明生产</td><td></td><td>凡有不文明生产、违反安全操作或出现事故的，酌情从总分中扣除1～10分，直至取消考试资格</td><td></td><td></td></tr>
<tr><td>11</td><td colspan="5">工时定额：总时间 120 min，时间到交工件，延时扣分</td></tr>
<tr><td>12</td><td colspan="3">工件总得分</td><td colspan="2"></td></tr>
<tr><td>13</td><td colspan="2">考生签名：</td><td colspan="3">考评员签名：</td></tr>
</table>

第二部分　拓展项目

拓展项目 1

零件图

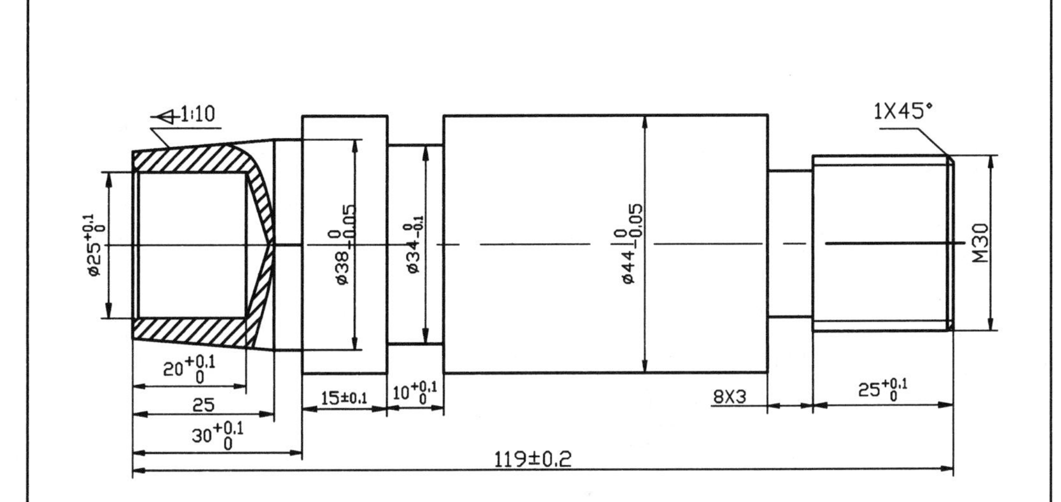

技术要求：

1. 未注倒角为 C1，锐边倒钝角 C0.5。
2. 未注公差按 IT14 加工。
3. 中心孔尺寸为 A2.5。
4. 不许使用锉刀、砂布等锉抛加工表面。

名称	螺杆轴
材料	45＃
工时	180 min
毛坯尺寸	∅45 mm×120 mm

6S和现场操作评分表

<table>
<tr><td colspan="2">学习项目名称</td><td colspan="2"></td><td>日　　期</td><td colspan="3"></td></tr>
<tr><td colspan="2">姓　　名</td><td colspan="2"></td><td>工 位 号</td><td colspan="3"></td></tr>
<tr><td colspan="2">开工时间</td><td colspan="2"></td><td>任　　务</td><td colspan="3"></td></tr>
<tr><td rowspan="8">职业素养</td><td>考核项目</td><td colspan="2">考核内容</td><td>自我评分（×10%）</td><td>班组评分（×30%）</td><td>教师评分（×60%）</td><td>得　分</td></tr>
<tr><td>纪律（20分）</td><td colspan="2">不迟到，不早退，服从安排，打扫车间卫生。如有违反，一项扣1～3分</td><td></td><td></td><td></td><td></td></tr>
<tr><td>安全文明生产（20分）</td><td colspan="2">安全着装，按要求操作车床。如有违反，一项扣1～3分</td><td></td><td></td><td></td><td></td></tr>
<tr><td>职业规范（20分）</td><td colspan="2">爱护设备、量具，实训中工具、量具、刀具摆放整齐，给机床加油、清洁。如有违反，一项扣1～3分</td><td></td><td></td><td></td><td></td></tr>
<tr><td>现场要求（20分）</td><td colspan="2">不玩手机，不大声喧哗，不打闹，课后清扫地面、设备，清理现场。如有违反，一项扣1～3分</td><td></td><td></td><td></td><td></td></tr>
<tr><td>工件车削加工考核（20分）</td><td colspan="2">在规定的时间内完成工件的车削加工。根据现场情况扣分</td><td></td><td></td><td></td><td></td></tr>
<tr><td>人伤械损事故</td><td colspan="2">若出现人伤械损事故，整个项目成绩记0分。该项没有加分，只有减分</td><td></td><td></td><td></td><td></td></tr>
<tr><td colspan="3">总　　分</td><td></td><td></td><td></td><td></td></tr>
<tr><td colspan="3">备　注
（现场未尽事项记录）</td><td colspan="5"></td></tr>
<tr><td colspan="3">教师签字</td><td colspan="2"></td><td colspan="2">学生签字</td><td></td></tr>
</table>

零件检测评分表

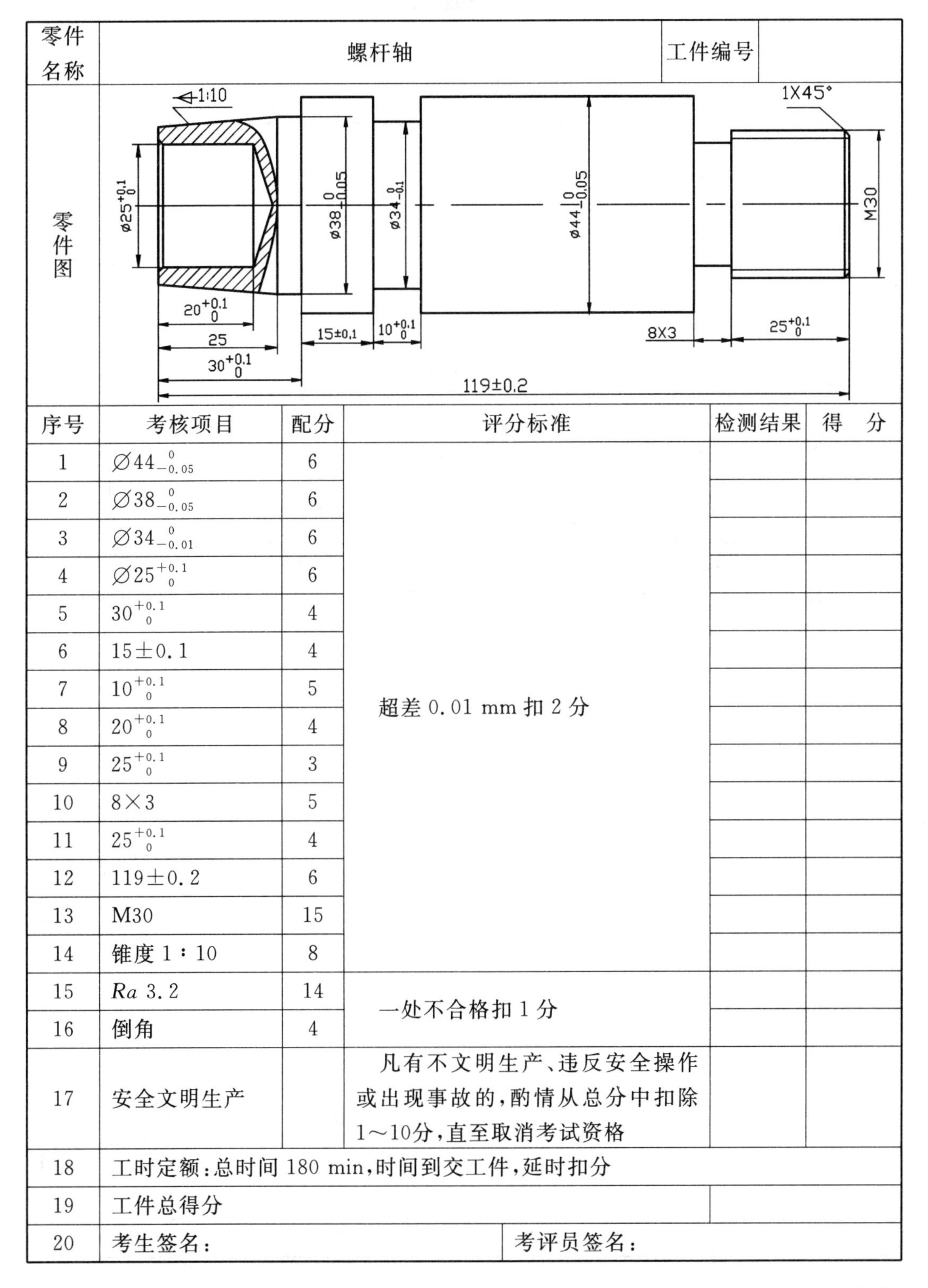

零件名称	螺杆轴		工件编号		
零件图					
序号	考核项目	配分	评分标准	检测结果	得分
1	$\varnothing 44_{-0.05}^{0}$	6	超差 0.01 mm 扣 2 分		
2	$\varnothing 38_{-0.05}^{0}$	6			
3	$\varnothing 34_{-0.01}^{0}$	6			
4	$\varnothing 25_{0}^{+0.1}$	6			
5	$30_{0}^{+0.1}$	4			
6	15 ± 0.1	4			
7	$10_{0}^{+0.1}$	5			
8	$20_{0}^{+0.1}$	4			
9	$25_{0}^{+0.1}$	3			
10	8×3	5			
11	$25_{0}^{+0.1}$	4			
12	119 ± 0.2	6			
13	M30	15			
14	锥度 1∶10	8			
15	*Ra* 3.2	14	一处不合格扣 1 分		
16	倒角	4			
17	安全文明生产		凡有不文明生产、违反安全操作或出现事故的，酌情从总分中扣除1～10分，直至取消考试资格		
18	工时定额：总时间 180 min，时间到交工件，延时扣分				
19	工件总得分				
20	考生签名：			考评员签名：	

拓展项目 2

零件图

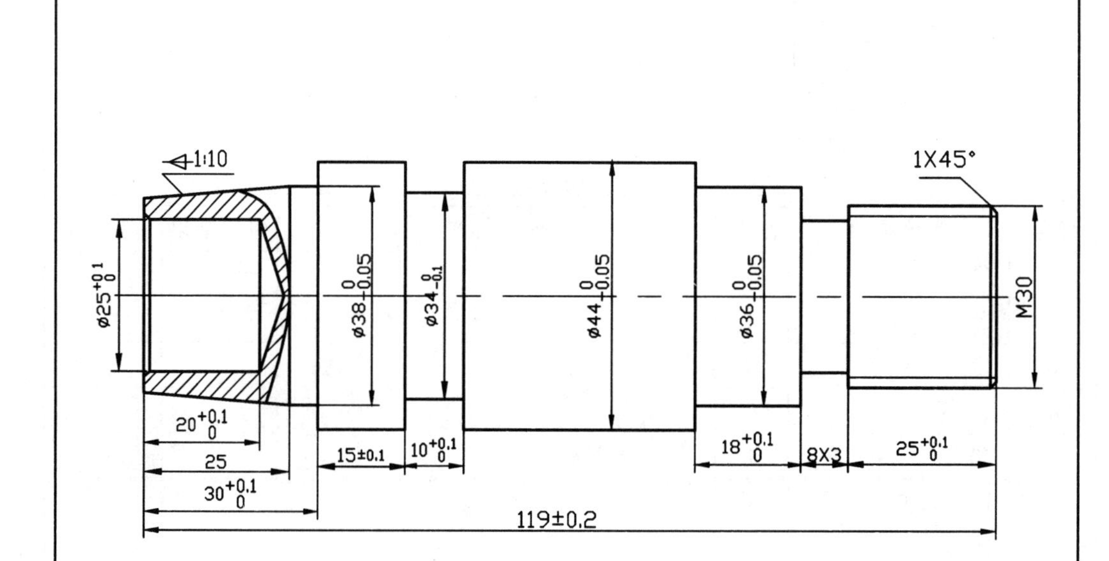

技术要求：

1. 未注倒角为 C1，锐边倒钝角 C0.5。
2. 未注公差按 IT14 加工。
3. 中心孔尺寸为 A2.5。
4. 不许使用锉刀、砂布等锉抛加工表面。

名称	螺杆轴
材料	45＃
工时	180 min
毛坯尺寸	∅45 mm×120 mm

6S 和现场操作评分表

<table>
<tr><td colspan="2">学习项目名称</td><td></td><td colspan="2">日　　期</td><td colspan="3"></td></tr>
<tr><td colspan="2">姓　　名</td><td></td><td colspan="2">工 位 号</td><td colspan="3"></td></tr>
<tr><td colspan="2">开工时间</td><td></td><td colspan="2">任　　务</td><td colspan="3"></td></tr>
<tr><td rowspan="8">职业素养</td><td>考核项目</td><td colspan="2">考核内容</td><td>自我评分（×10%）</td><td>班组评分（×30%）</td><td>教师评分（×60%）</td><td>得　分</td></tr>
<tr><td>纪律（20 分）</td><td colspan="2">不迟到，不早退，服从安排，打扫车间卫生。如有违反，一项扣 1～3 分</td><td></td><td></td><td></td><td></td></tr>
<tr><td>安全文明生产（20 分）</td><td colspan="2">安全着装，按要求操作车床。如有违反，一项扣 1～3 分</td><td></td><td></td><td></td><td></td></tr>
<tr><td>职业规范（20 分）</td><td colspan="2">爱护设备、量具，实训中工具、量具、刀具摆放整齐，给机床加油、清洁。如有违反，一项扣 1～3 分</td><td></td><td></td><td></td><td></td></tr>
<tr><td>现场要求（20 分）</td><td colspan="2">不玩手机，不大声喧哗，不打闹，课后清扫地面、设备，清理现场。如有违反，一项扣 1～3 分</td><td></td><td></td><td></td><td></td></tr>
<tr><td>工件车削加工考核（20 分）</td><td colspan="2">在规定的时间内完成工件的车削加工。根据现场情况扣分</td><td></td><td></td><td></td><td></td></tr>
<tr><td>人伤械损事故</td><td colspan="2">若出现人伤械损事故，整个项目成绩记 0 分。该项没有加分，只有减分</td><td></td><td></td><td></td><td></td></tr>
<tr><td colspan="3">总　　分</td><td></td><td></td><td></td><td></td></tr>
<tr><td colspan="2">备　注
（现场未尽事项记录）</td><td colspan="6"></td></tr>
<tr><td colspan="2">教师签字</td><td></td><td colspan="2">学生签字</td><td colspan="3"></td></tr>
</table>

零件检测评分表

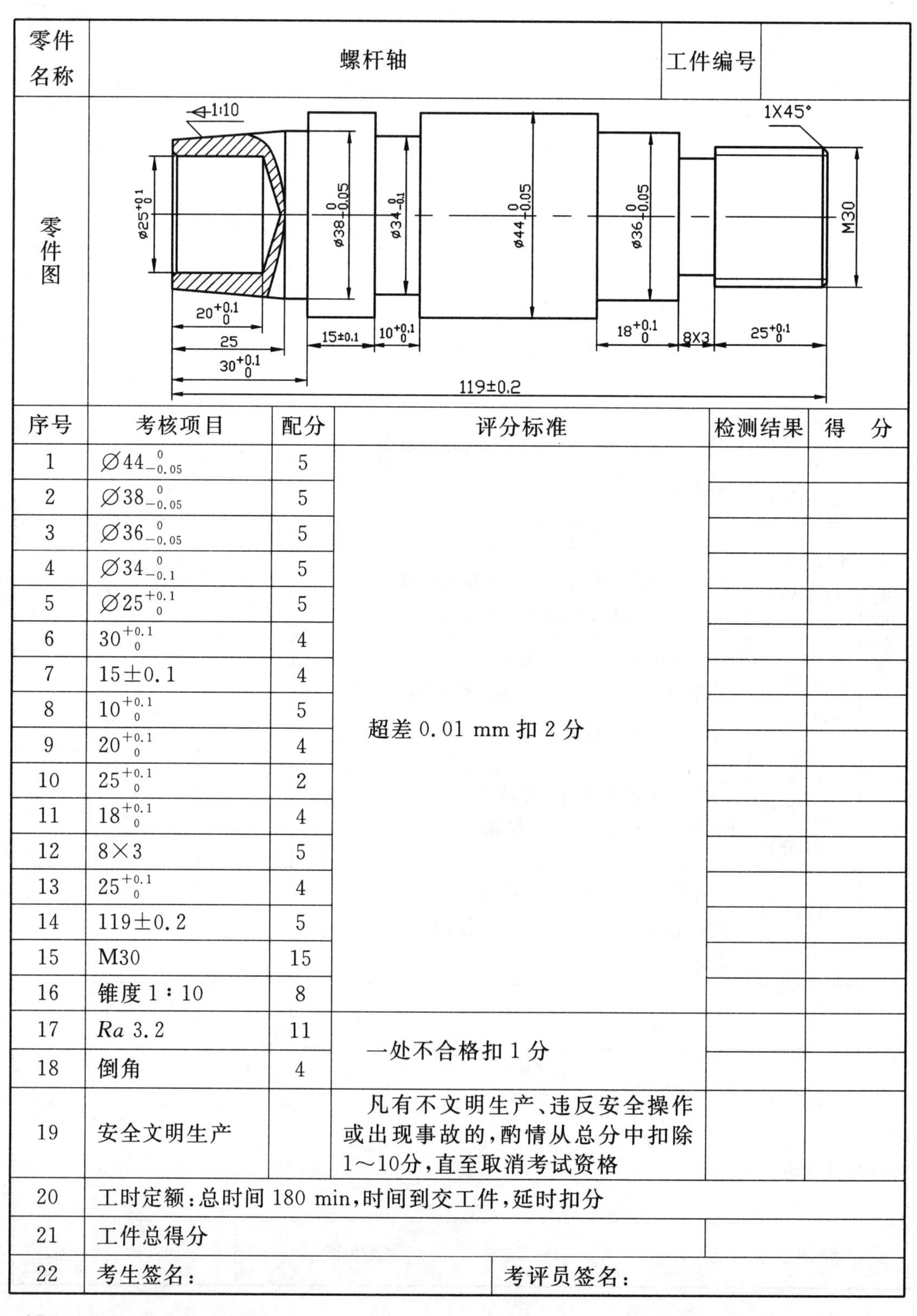

零件名称	螺杆轴		工件编号		
零件图					
序号	考核项目	配分	评分标准	检测结果	得分
1	$\varnothing 44_{-0.05}^{0}$	5	超差 0.01 mm 扣 2 分		
2	$\varnothing 38_{-0.05}^{0}$	5			
3	$\varnothing 36_{-0.05}^{0}$	5			
4	$\varnothing 34_{-0.1}^{0}$	5			
5	$\varnothing 25_{0}^{+0.1}$	5			
6	$30_{0}^{+0.1}$	4			
7	15±0.1	4			
8	$10_{0}^{+0.1}$	5			
9	$20_{0}^{+0.1}$	4			
10	$25_{0}^{+0.1}$	2			
11	$18_{0}^{+0.1}$	4			
12	8×3	5			
13	$25_{0}^{+0.1}$	4			
14	119±0.2	5			
15	M30	15			
16	锥度 1∶10	8			
17	*Ra* 3.2	11	一处不合格扣 1 分		
18	倒角	4			
19	安全文明生产		凡有不文明生产、违反安全操作或出现事故的，酌情从总分中扣除1～10分，直至取消考试资格		
20	工时定额：总时间 180 min，时间到交工件，延时扣分				
21	工件总得分				
22	考生签名：			考评员签名：	

拓展项目 3

零件图

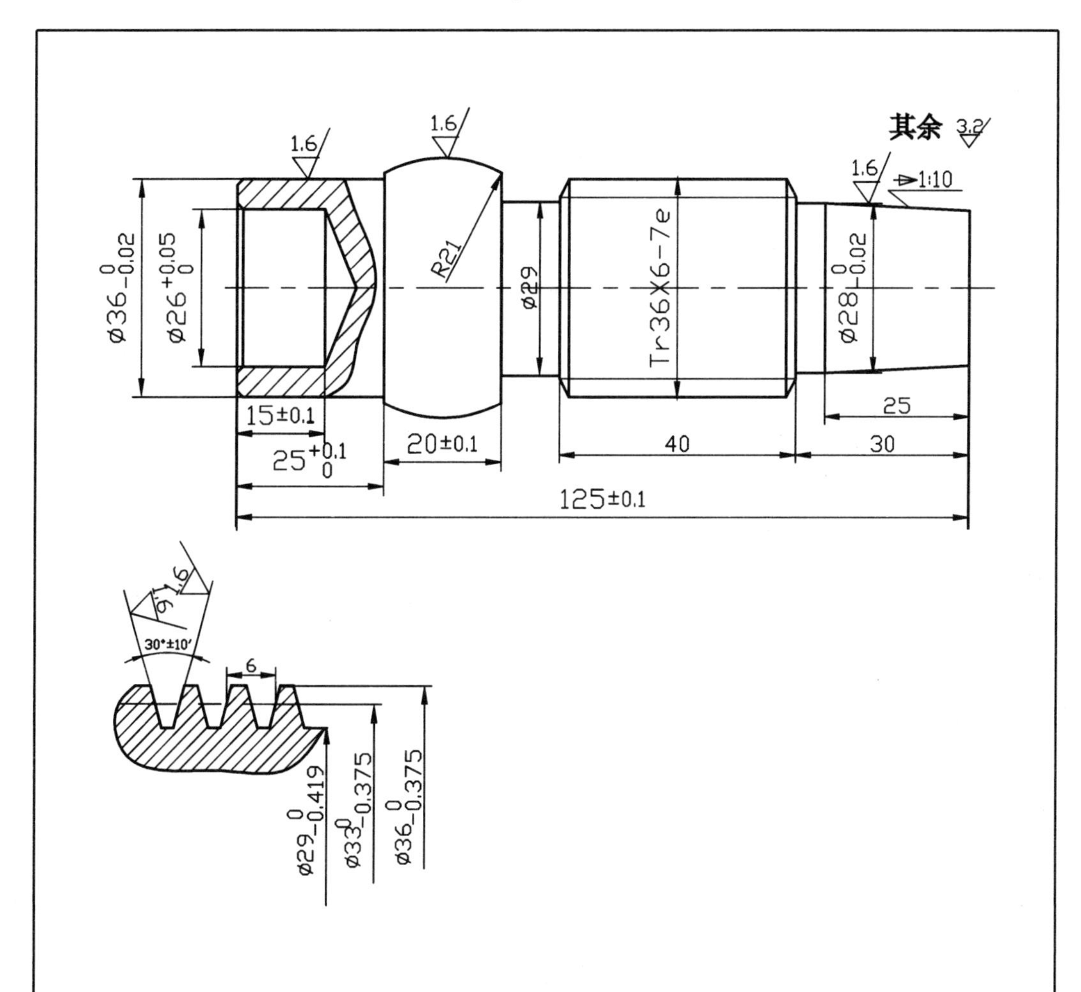

技术要求：

1. 未注倒角为 C1，锐边倒钝角 C0.5。
2. 未注公差按 IT14 加工。
3. 中心孔尺寸为 A2.5。
4. 不许使用锉刀、砂布等锉抛加工表面。

名称	梯形螺杆轴
材料	45＃
工时	240 min
毛坯尺寸	∅45 mm×128 mm

6S 和现场操作评分表

<table>
<tr><td colspan="2">学习项目名称</td><td></td><td colspan="2">日　　期</td><td colspan="2"></td></tr>
<tr><td colspan="2">姓　　名</td><td></td><td colspan="2">工 位 号</td><td colspan="2"></td></tr>
<tr><td colspan="2">开工时间</td><td></td><td colspan="2">任　　务</td><td colspan="2"></td></tr>
<tr><td rowspan="8">职业素养</td><td>考核项目</td><td>考核内容</td><td>自我评分
(×10%)</td><td>班组评分
(×30%)</td><td>教师评分
(×60%)</td><td>得　分</td></tr>
<tr><td>纪律
(20 分)</td><td>不迟到,不早退,服从安排,打扫车间卫生。如有违反,一项扣 1～3 分</td><td></td><td></td><td></td><td></td></tr>
<tr><td>安全文明生产
(20 分)</td><td>安全着装,按要求操作车床。如有违反,一项扣 1～3 分</td><td></td><td></td><td></td><td></td></tr>
<tr><td>职业规范
(20 分)</td><td>爱护设备、量具,实训中工具、量具、刀具摆放整齐,给机床加油、清洁。如有违反,一项扣 1～3 分</td><td></td><td></td><td></td><td></td></tr>
<tr><td>现场要求
(20 分)</td><td>不玩手机,不大声喧哗,不打闹,课后清扫地面、设备,清理现场。如有违反,一项扣 1～3 分</td><td></td><td></td><td></td><td></td></tr>
<tr><td>工件车削加工考核
(20 分)</td><td>在规定的时间内完成工件的车削加工。根据现场情况扣分</td><td></td><td></td><td></td><td></td></tr>
<tr><td>人伤械损事故</td><td>若出现人伤械损事故,整个项目成绩记 0 分。该项没有加分,只有减分</td><td></td><td></td><td></td><td></td></tr>
<tr><td colspan="2">总　　分</td><td></td><td></td><td></td><td></td></tr>
<tr><td colspan="3">备　注

(现场未尽事项记录)</td><td colspan="4"></td></tr>
<tr><td colspan="2">教师签字</td><td></td><td colspan="2">学生签字</td><td colspan="2"></td></tr>
</table>

零件检测评分记录表

序号	考核项目	配分	评分标准	检测结果	得分
1	$\varnothing 36_{-0.02}^{0}$	6	1. 长度超差不得分 2. 外圆超差 0.01 mm 扣 2 分		
2	$\varnothing 26_{0}^{+0.05}$	6			
3	15 ± 0.1	4			
4	$25_{0}^{+0.1}$	4			
5	20 ± 0.1	4			
6	125 ± 0.1	4			
7	$R21$	8			
8	$\varnothing 28_{-0.02}^{0}$	6			
9	1∶10	8			
10	梯形螺纹 大径$\varnothing 36_{-0.375}^{0}$	4			
	梯形螺纹 中径$\varnothing 33_{-0.375}^{0}$	10			
	梯形螺纹 小径$\varnothing 29_{-0.419}^{0}$	4			
	梯形螺纹 角度 $30^{\circ}\pm10'$	5			
11	未注公差(5 处)	10	按 IT14,一处超差扣 2 分		
12	*Ra* 1.6(5 处)	10	一处不合格扣 2 分		
13	*Ra* 3.2(7 处)	4	一处不合格扣 0.5 分		
14	倒角、倒钝(7 处)	3	一处不合格扣 0.5 分		
15	安全文明生产		凡有不文明生产、违反安全操作或出现事故的,酌情从总分中扣除 1～10 分,直至取消考试资格		
16	工时定额:总时间 240 min,时间到交工件,延时扣分				
17	工件总得分				

考生签名：　　　　　　　　考评员签名：

检测员签名：　　　　　　　　督导员签名：

拓展项目 4

零件图

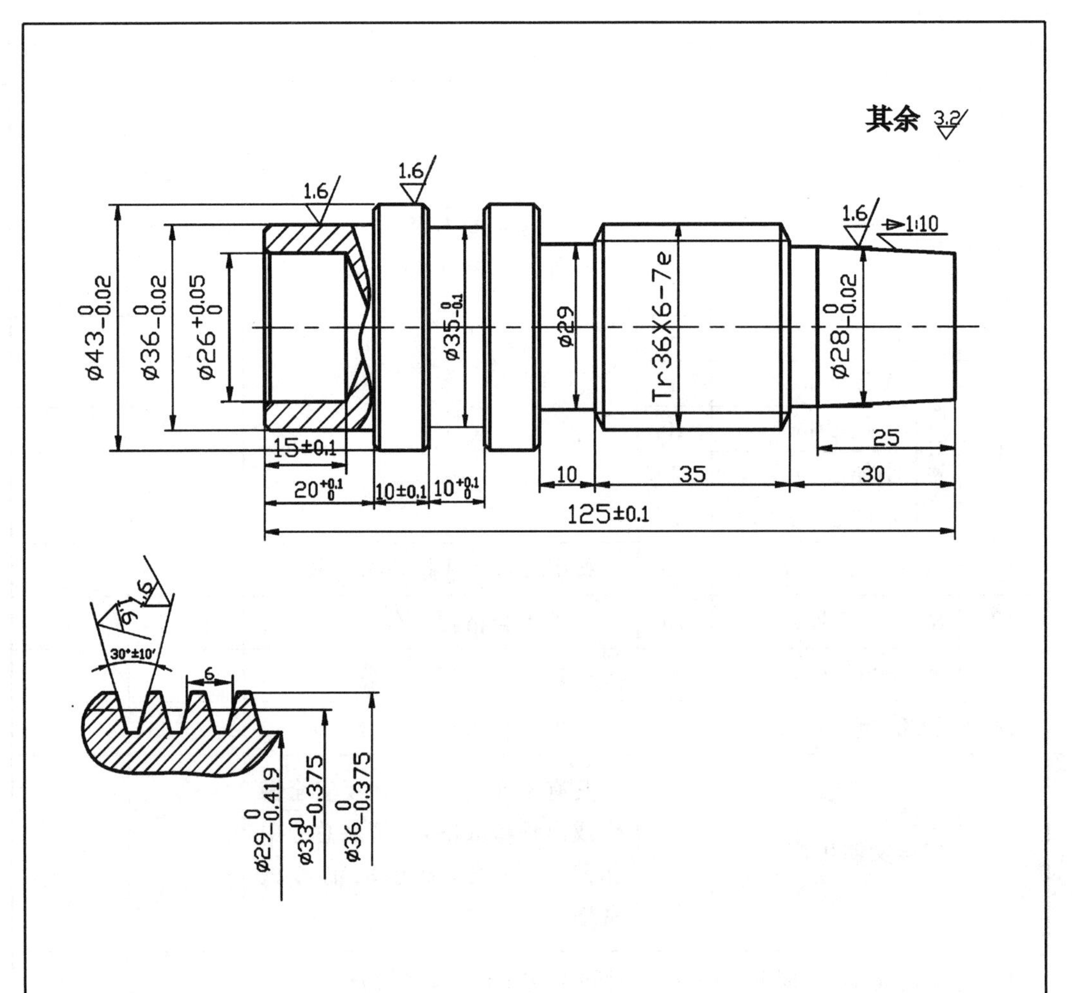

技术要求：

1. 未注倒角为 C1，锐边倒钝角 C0.5。
2. 未注公差按 IT14 加工。
3. 中心孔尺寸为 A2.5。
4. 不许使用锉刀、砂布等锉抛加工表面。

名称	梯形螺杆轴
材料	45＃
工时	240 min
毛坯尺寸	∅45 mm×128 mm

6S 和现场操作评分表

<table>
<tr><td colspan="2">学习项目名称</td><td></td><td>日　期</td><td colspan="3"></td></tr>
<tr><td colspan="2">姓　名</td><td></td><td>工 位 号</td><td colspan="3"></td></tr>
<tr><td colspan="2">开工时间</td><td></td><td>任　务</td><td colspan="3"></td></tr>
<tr><td rowspan="8">职业素养</td><td>考核项目</td><td>考核内容</td><td>自我评分（×10%）</td><td>班组评分（×30%）</td><td>教师评分（×60%）</td><td>得　分</td></tr>
<tr><td>纪律（20 分）</td><td>不迟到，不早退，服从安排，打扫车间卫生。如有违反，一项扣 1～3 分</td><td></td><td></td><td></td><td></td></tr>
<tr><td>安全文明生产（20 分）</td><td>安全着装，按要求操作车床。如有违反，一项扣 1～3 分</td><td></td><td></td><td></td><td></td></tr>
<tr><td>职业规范（20 分）</td><td>爱护设备、量具，实训中工具、量具、刀具摆放整齐，给机床加油、清洁。如有违反，一项扣 1～3 分</td><td></td><td></td><td></td><td></td></tr>
<tr><td>现场要求（20 分）</td><td>不玩手机，不大声喧哗，不打闹，课后清扫地面、设备，清理现场。如有违反，一项扣 1～3 分</td><td></td><td></td><td></td><td></td></tr>
<tr><td>工件车削加工考核（20 分）</td><td>在规定的时间内完成工件的车削加工。根据现场情况扣分</td><td></td><td></td><td></td><td></td></tr>
<tr><td>人伤械损事故</td><td>若出现人伤械损事故，整个项目成绩记 0 分。该项没有加分，只有减分</td><td></td><td></td><td></td><td></td></tr>
<tr><td colspan="2">总　分</td><td></td><td></td><td></td><td></td></tr>
<tr><td colspan="2">备　注
（现场未尽事项记录）</td><td colspan="5"></td></tr>
<tr><td colspan="2">教师签字</td><td></td><td>学生签字</td><td colspan="3"></td></tr>
</table>

零件检测评分记录表

序号	考核项目	配分	评分标准	检测结果	得分
1	$\varnothing 43_{-0.02}^{0}$	6	1. 长度超差不得分 2. 外圆超差 0.01 mm 扣 2 分		
2	$\varnothing 36_{-0.02}^{0}$	6			
3	$\varnothing 26_{0}^{+0.05}$	4			
4	15 ± 0.1	4			
5	10 ± 0.1	4			
6	$10_{0}^{+0.1}$	4			
7	$20_{0}^{+0.1}$	4			
8	125 ± 0.1	4			
9	$\varnothing 28_{-0.02}^{0}$	6			
10	$\varnothing 35_{-0.1}^{0}$	4			
11	锥度 1∶10±6′	8			
12	梯形螺纹 大径$\varnothing 36_{-0.375}^{0}$	4			
	梯形螺纹 中径$\varnothing 33_{-0.375}^{0}$	10			
	梯形螺纹 小径$\varnothing 29_{-0.419}^{0}$	4			
	梯形螺纹 角度 30°±10′	5			
13	未注公差(6 处)	6	按 IT14,一处超差扣 2 分		
14	*Ra* 1.6(5 处)	10	一处不合格扣 2 分		
15	*Ra* 3.2(6 处)	4	一处不合格扣 0.5 分		
16	倒角、倒钝(9 处)	3	一处不合格扣 0.5 分		
17	安全文明生产		凡有不文明生产、违反安全操作或出现事故的,酌情从总分中扣除 1～10 分,直至取消考试资格		
18	工时定额:总时间 240 min,时间到交工件,延时扣分				
19	工件总得分				

考生签名:　　　　　　　　　　考评员签名:

检测员签名:　　　　　　　　　　督导员签名:

拓展项目 5

零件图

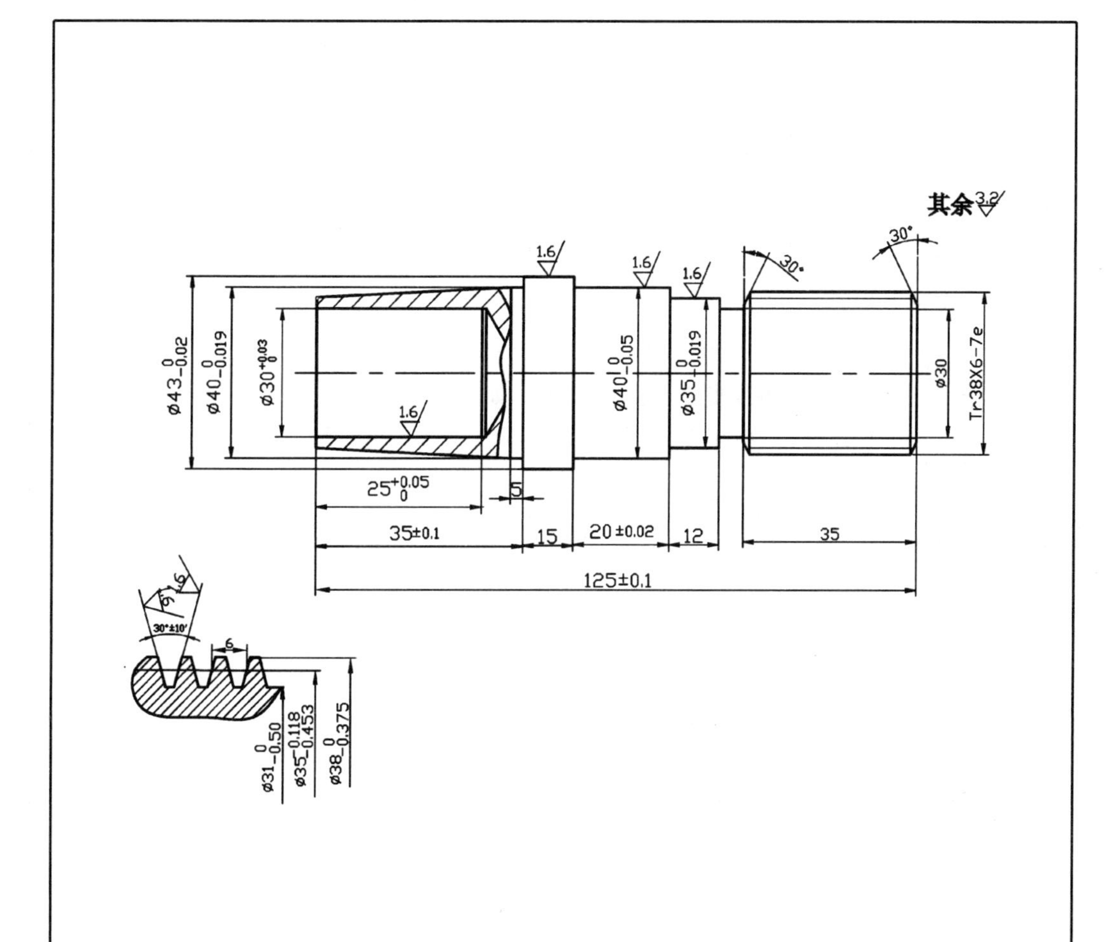

技术要求：

1. 未注倒角为 C1，锐边倒钝角 C0.5。
2. 未注公差按 IT14 加工。
3. 中心孔尺寸为 A2.5。
4. 不许使用锉刀、砂布等锉抛加工表面。

名称	梯形螺杆轴
材料	45＃
工时	240 min
毛坯尺寸	Ø45 mm×128 mm

6S 和现场操作评分表

<table>
<tr><td colspan="2">学习项目名称</td><td></td><td colspan="2">日　　期</td><td colspan="2"></td></tr>
<tr><td colspan="2">姓　　名</td><td></td><td colspan="2">工 位 号</td><td colspan="2"></td></tr>
<tr><td colspan="2">开工时间</td><td></td><td colspan="2">任　　务</td><td colspan="2"></td></tr>
<tr><td rowspan="8">职业素养</td><td>考核项目</td><td>考核内容</td><td>自我评分（×10%）</td><td>班组评分（×30%）</td><td>教师评分（×60%）</td><td>得　分</td></tr>
<tr><td>纪律（20 分）</td><td>不迟到，不早退，服从安排，打扫车间卫生。如有违反，一项扣 1～3 分</td><td></td><td></td><td></td><td></td></tr>
<tr><td>安全文明生产（20 分）</td><td>安全着装，按要求操作车床。如有违反，一项扣 1～3 分</td><td></td><td></td><td></td><td></td></tr>
<tr><td>职业规范（20 分）</td><td>爱护设备、量具，实训中工具、量具、刀具摆放整齐，给机床加油、清洁。如有违反，一项扣 1～3 分</td><td></td><td></td><td></td><td></td></tr>
<tr><td>现场要求（20 分）</td><td>不玩手机，不大声喧哗，不打闹，课后清扫地面、设备，清理现场。如有违反，一项扣 1～3 分</td><td></td><td></td><td></td><td></td></tr>
<tr><td>工件车削加工考核（20 分）</td><td>在规定的时间内完成工件的车削加工。根据现场情况扣分</td><td></td><td></td><td></td><td></td></tr>
<tr><td>人伤械损事故</td><td>若出现人伤械损事故，整个项目成绩记 0 分。该项没有加分，只有减分</td><td></td><td></td><td></td><td></td></tr>
<tr><td colspan="2">总　　分</td><td></td><td></td><td></td><td></td></tr>
<tr><td colspan="2">备　注
（现场未尽事项记录）</td><td colspan="5"></td></tr>
<tr><td colspan="2">教师签字</td><td></td><td colspan="2">学生签字</td><td colspan="2"></td></tr>
</table>

零件检测评分记录表

<table>
<tr><th>序号</th><th colspan="2">考核项目</th><th>配分</th><th>评分标准</th><th>检测结果</th><th>得　分</th></tr>
<tr><td>1</td><td colspan="2">$\varnothing 43_{-0.02}^{0}$</td><td>6</td><td rowspan="14">1. 长度超差不得分
2. 外圆超差 0.01 mm 扣 2 分</td><td></td><td></td></tr>
<tr><td>2</td><td colspan="2">$\varnothing 40_{-0.019}^{0}$</td><td>6</td><td></td><td></td></tr>
<tr><td>3</td><td colspan="2">$\varnothing 30_{0}^{+0.03}$</td><td>6</td><td></td><td></td></tr>
<tr><td>4</td><td colspan="2">35 ± 0.1</td><td>4</td><td></td><td></td></tr>
<tr><td>5</td><td colspan="2">$25_{0}^{+0.05}$</td><td>4</td><td></td><td></td></tr>
<tr><td>6</td><td colspan="2">$\varnothing 40_{-0.05}^{0}$</td><td>6</td><td></td><td></td></tr>
<tr><td>7</td><td colspan="2">$\varnothing 35_{-0.019}^{0}$</td><td>6</td><td></td><td></td></tr>
<tr><td>8</td><td colspan="2">20 ± 0.2</td><td>4</td><td></td><td></td></tr>
<tr><td>9</td><td colspan="2">锥度 $1:10 \pm 6'$</td><td>7</td><td></td><td></td></tr>
<tr><td>10</td><td colspan="2">125 ± 0.1</td><td>5</td><td></td><td></td></tr>
<tr><td rowspan="4">11</td><td rowspan="4">梯形螺纹</td><td>大径 $\varnothing 38_{-0.375}^{0}$</td><td>4</td><td></td><td></td></tr>
<tr><td>中径 $\varnothing 35_{-0.453}^{-0.118}$</td><td>10</td><td></td><td></td></tr>
<tr><td>小径 $\varnothing 31_{-0.5}^{0}$</td><td>4</td><td></td><td></td></tr>
<tr><td>角度 $30^{\circ} \pm 10'$</td><td>5</td><td></td><td></td></tr>
<tr><td>12</td><td colspan="2">未注公差(6 处)</td><td>6</td><td>按 IT14，一处超差扣 1 分</td><td></td><td></td></tr>
<tr><td>13</td><td colspan="2">Ra 1.6(6 处)</td><td>9</td><td>一处不合格扣 1.5 分</td><td></td><td></td></tr>
<tr><td>14</td><td colspan="2">Ra 3.2(6 处)</td><td>3</td><td>一处不合格扣 0.5 分</td><td></td><td></td></tr>
<tr><td>15</td><td colspan="2">倒角、倒钝(8 处)</td><td>5</td><td>一处不合格扣 0.5 分</td><td></td><td></td></tr>
<tr><td>16</td><td colspan="2">安全文明生产</td><td></td><td>凡有不文明生产、违反安全操作或出现事故的，酌情从总分中扣除 1～10 分，直至取消考试资格</td><td></td><td></td></tr>
<tr><td>17</td><td colspan="6">工时定额：总时间 240 min，时间到交工件，延时扣分</td></tr>
<tr><td>18</td><td colspan="4">工件总得分</td><td colspan="2"></td></tr>
<tr><td colspan="4">考生签名：</td><td colspan="3">考评员签名：</td></tr>
<tr><td colspan="4">检测员签名：</td><td colspan="3">督导员签名：</td></tr>
</table>

拓展项目 6

零件图

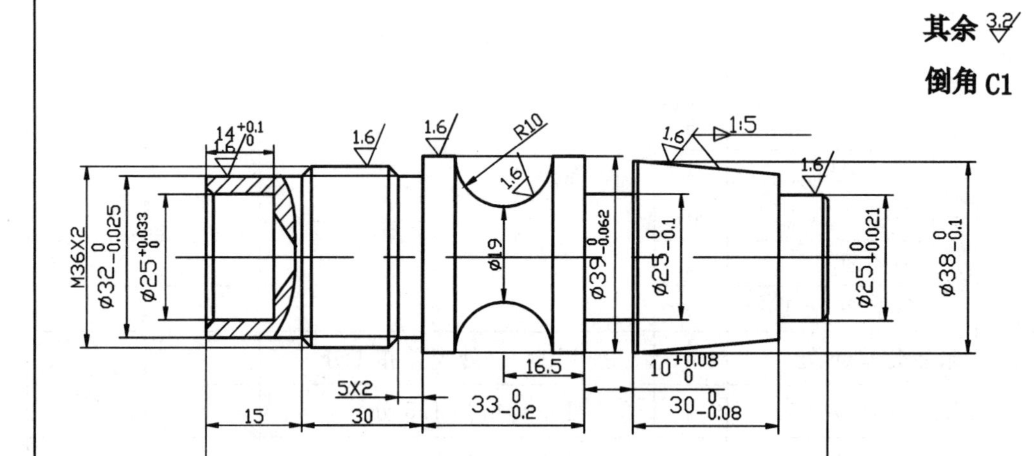

技术要求：

1. 未注倒角为 C1，锐边倒钝角 C0.5。
2. 未注公差按 IT14 加工。
3. 中心孔尺寸为 A2.5。
4. 不许使用锉刀、砂布等锉抛加工表面。

名称	梯形螺杆轴
材料	45＃
工时	240 min
毛坯尺寸	∅45 mm×128 mm

6S和现场操作评分表

<table>
<tr><td>学习项目名称</td><td colspan="2"></td><td>日　期</td><td colspan="4"></td></tr>
<tr><td>姓　名</td><td colspan="2"></td><td>工位号</td><td colspan="4"></td></tr>
<tr><td>开工时间</td><td colspan="2"></td><td>任　务</td><td colspan="4"></td></tr>
<tr><td rowspan="8">职业素养</td><td>考核项目</td><td colspan="2">考核内容</td><td>自我评分（×10%）</td><td>班组评分（×30%）</td><td>教师评分（×60%）</td><td>得　分</td></tr>
<tr><td>纪律（20分）</td><td colspan="2">不迟到，不早退，服从安排，打扫车间卫生。如有违反，一项扣1～3分</td><td></td><td></td><td></td><td></td></tr>
<tr><td>安全文明生产（20分）</td><td colspan="2">安全着装，按要求操作车床。如有违反，一项扣1～3分</td><td></td><td></td><td></td><td></td></tr>
<tr><td>职业规范（20分）</td><td colspan="2">爱护设备、量具，实训中工具、量具、刀具摆放整齐，给机床加油、清洁。如有违反，一项扣1～3分</td><td></td><td></td><td></td><td></td></tr>
<tr><td>现场要求（20分）</td><td colspan="2">不玩手机，不大声喧哗，不打闹，课后清扫地面、设备，清理现场。如有违反，一项扣1～3分</td><td></td><td></td><td></td><td></td></tr>
<tr><td>工件车削加工考核（20分）</td><td colspan="2">在规定的时间内完成工件的车削加工。根据现场情况扣分</td><td></td><td></td><td></td><td></td></tr>
<tr><td>人伤械损事故</td><td colspan="2">若出现人伤械损事故，整个项目成绩记0分。该项没有加分，只有减分</td><td></td><td></td><td></td><td></td></tr>
<tr><td colspan="3">总　分</td><td></td><td></td><td></td><td></td></tr>
<tr><td colspan="2">备　注
（现场未尽事项记录）</td><td colspan="6"></td></tr>
<tr><td colspan="2">教师签字</td><td colspan="2"></td><td colspan="2">学生签字</td><td colspan="2"></td></tr>
</table>

零件检测评分记录表

<table>
<tr><th>序号</th><th>考核项目</th><th>配分</th><th>评分标准</th><th>检测结果</th><th>得　分</th></tr>
<tr><td>1</td><td>$\varnothing 32_{-0.025}^{0}$</td><td>6</td><td rowspan="14">1. 长度超差不得分
2. 外圆超差 0.01 mm 扣 2 分</td><td></td><td></td></tr>
<tr><td>2</td><td>$\varnothing 25_{0}^{0.033}$</td><td>6</td><td></td><td></td></tr>
<tr><td>3</td><td>$14_{0}^{+0.1}$</td><td>4</td><td></td><td></td></tr>
<tr><td>4</td><td>$33_{-0.2}^{0}$</td><td>4</td><td></td><td></td></tr>
<tr><td>5</td><td>$\varnothing 39_{-0.062}^{0}$</td><td>5</td><td></td><td></td></tr>
<tr><td>6</td><td>$\varnothing 25_{-0.1}^{0}$</td><td>5</td><td></td><td></td></tr>
<tr><td>7</td><td>锥度 1∶5±6′</td><td>6</td><td></td><td></td></tr>
<tr><td>8</td><td>$\varnothing 38_{-0.1}^{0}$</td><td>5</td><td></td><td></td></tr>
<tr><td>9</td><td>$\varnothing 25_{-0.021}^{0}$</td><td>6</td><td></td><td></td></tr>
<tr><td>10</td><td>$10_{0}^{+0.08}$</td><td>5</td><td></td><td></td></tr>
<tr><td>11</td><td>$30_{-0.08}^{0}$</td><td>4</td><td></td><td></td></tr>
<tr><td>12</td><td>125±0.1</td><td>5</td><td></td><td></td></tr>
<tr><td>13</td><td>$R10$</td><td>6</td><td></td><td></td></tr>
<tr><td>14</td><td>M36×2</td><td>8</td><td></td><td></td></tr>
<tr><td>15</td><td>未注公差(5 处)</td><td>5</td><td>一处超差扣 1 分</td><td></td><td></td></tr>
<tr><td>16</td><td>Ra 1.6(6 处)</td><td>12</td><td>一处不合格扣 2 分</td><td></td><td></td></tr>
<tr><td>17</td><td>Ra 3.2(6 处)</td><td>4</td><td>一处不合格扣 0.5 分</td><td></td><td></td></tr>
<tr><td>18</td><td>倒角、倒钝(10 处)</td><td>4</td><td>一处不合格扣 0.5 分</td><td></td><td></td></tr>
<tr><td>19</td><td>安全文明生产</td><td></td><td>凡有不文明生产、违反安全操作或出现事故的，酌情从总分中扣除 1～10 分，直至取消考试资格</td><td></td><td></td></tr>
<tr><td>20</td><td colspan="5">工时定额：总时间 240 min，时间到交工件，延时扣分</td></tr>
<tr><td>21</td><td colspan="3">工件总得分</td><td colspan="2"></td></tr>
<tr><td colspan="3">考生签名：</td><td colspan="3">考评员签名：</td></tr>
<tr><td colspan="3">检测员签名：</td><td colspan="3">督导员签名：</td></tr>
</table>

拓展项目 7

零件图

螺纹轴组合件

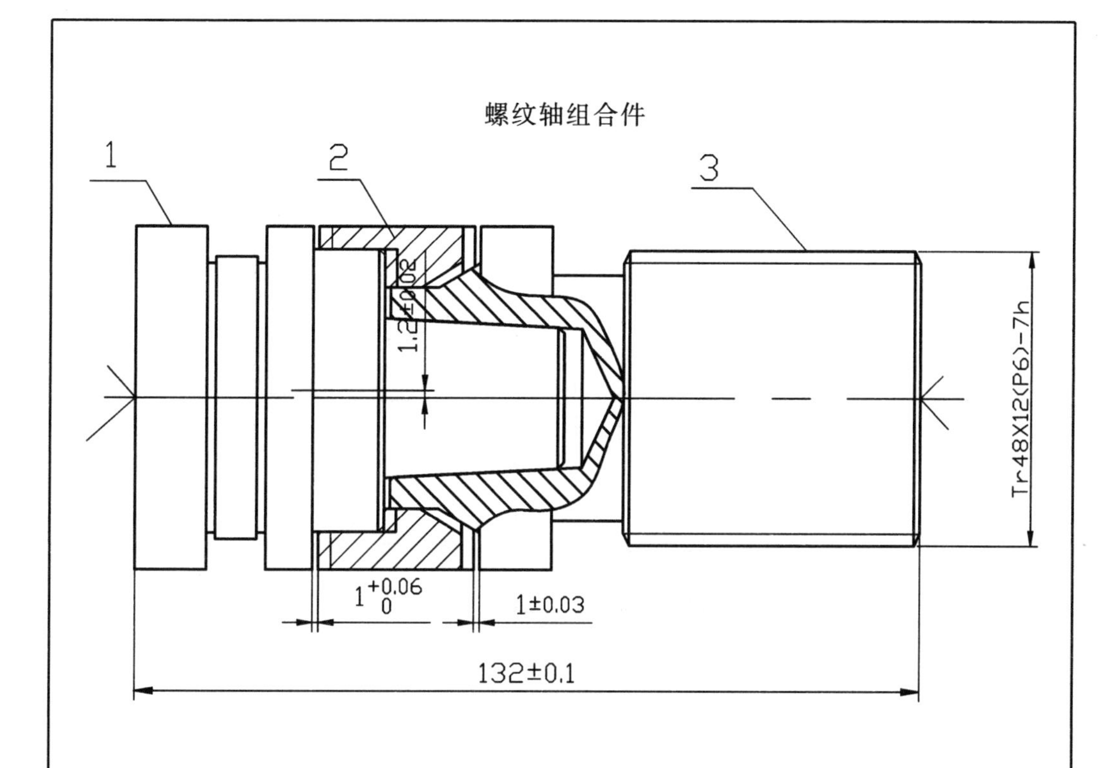

装配要求：

1. 按装配图组合交验。
2. 装配时允许用锉刀去毛刺。
3. 件 1 和件 2 的同轴度误差在 0.1 mm 以内，件 1 和件 3 的同轴度误差在 0.05 mm 以内。

名称	螺纹轴组合件
材料	45＃
工时	300 min
毛坯尺寸	∅60 mm×200 mm

组合件 1 零件图

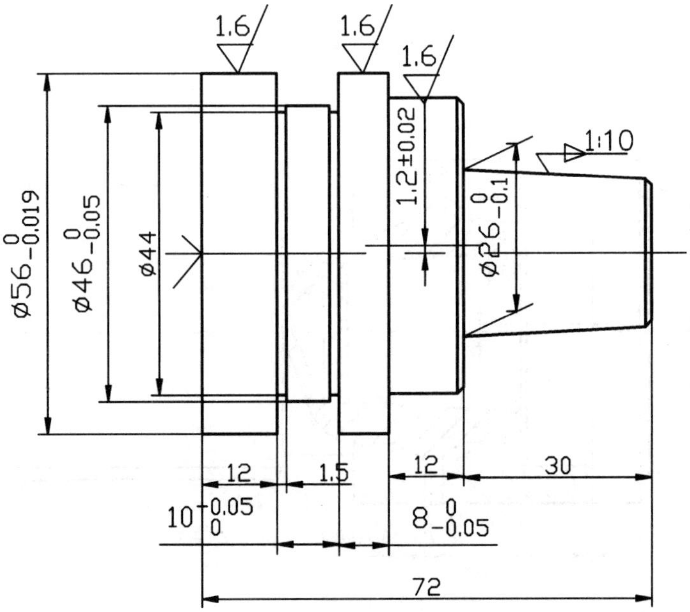

技术要求：

1. 未注倒角为 C1，锐边倒钝角 C0.5。
2. 未注公差按 IT14 加工。
3. 中心孔尺寸为 A2.5。
4. 不许使用锉刀、砂布等锉抛加工表面。

名称	组合件 1
材料	45#
工时	
毛坯尺寸	

组合件 2 零件图

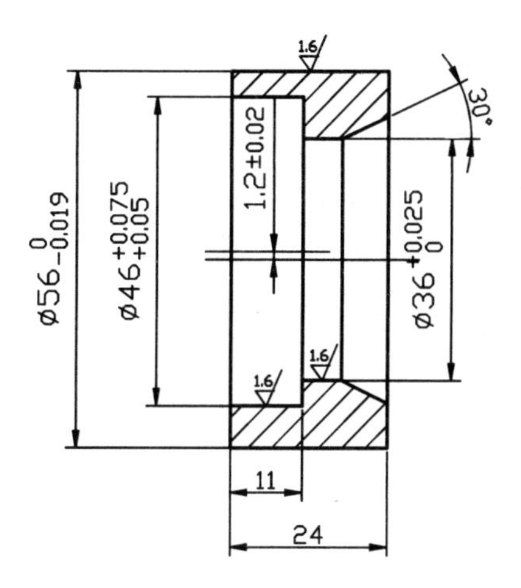

技术要求：

1. 未注倒角为 C1，锐边倒钝角 C0.5。
2. 未注公差按 IT14 加工。
3. 不许使用锉刀、砂布等锉抛加工表面。

名称	组合件 2
材料	45＃
工时	
毛坯尺寸	

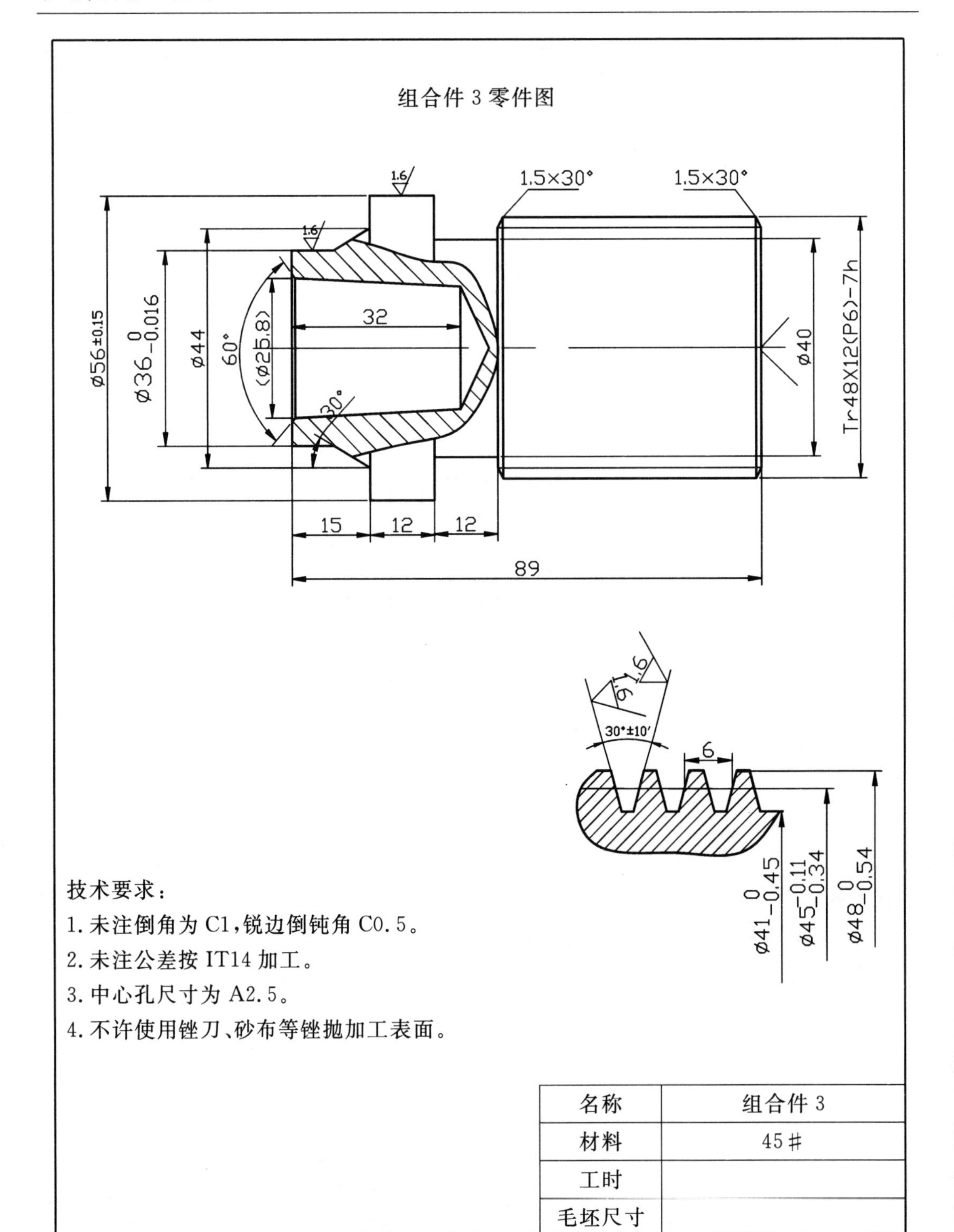

名称	组合件 3
材料	45＃
工时	
毛坯尺寸	

6S 和现场操作评分表

<table>
<tr><td colspan="2">学习项目名称</td><td></td><td colspan="2">日　　期</td><td colspan="2"></td></tr>
<tr><td colspan="2">姓　　名</td><td></td><td colspan="2">工 位 号</td><td colspan="2"></td></tr>
<tr><td colspan="2">开工时间</td><td></td><td colspan="2">任　　务</td><td colspan="2"></td></tr>
<tr><td rowspan="8">职业素养</td><td>考核项目</td><td>考核内容</td><td>自我评分
（×10%）</td><td>班组评分
（×30%）</td><td>教师评分
（×60%）</td><td>得　分</td></tr>
<tr><td>纪律
（20 分）</td><td>不迟到，不早退，服从安排，打扫车间卫生。如有违反，一项扣 1～3 分</td><td></td><td></td><td></td><td></td></tr>
<tr><td>安全文明生产
（20 分）</td><td>安全着装，按要求操作车床。如有违反，一项扣 1～3 分</td><td></td><td></td><td></td><td></td></tr>
<tr><td>职业规范
（20 分）</td><td>爱护设备、量具，实训中工具、量具、刀具摆放整齐，给机床加油、清洁。如有违反，一项扣 1～3 分</td><td></td><td></td><td></td><td></td></tr>
<tr><td>现场要求
（20 分）</td><td>不玩手机，不大声喧哗，不打闹，课后清扫地面、设备，清理现场。如有违反，一项扣 1～3 分</td><td></td><td></td><td></td><td></td></tr>
<tr><td>工件车削加工考核
（20 分）</td><td>在规定的时间内完成工件的车削加工及装配。根据现场情况扣分</td><td></td><td></td><td></td><td></td></tr>
<tr><td>人伤械损事故</td><td>若出现人伤械损事故，整个项目成绩记 0 分。该项没有加分，只有减分</td><td></td><td></td><td></td><td></td></tr>
<tr><td colspan="2">总　　分</td><td></td><td></td><td></td><td></td></tr>
<tr><td colspan="2">备　注

（现场未尽事项记录）</td><td colspan="5"></td></tr>
<tr><td colspan="2">教师签字</td><td></td><td colspan="2">学生签字</td><td colspan="2"></td></tr>
</table>

零件检测评分记录表

件号	序号	检测项目	配分	评分标准	检测结果	得　分
件1	1	$\varnothing 56_{-0.019}^{0}$	5	超差不得分		
	2	$\varnothing 46_{-0.05}^{0}$	2	超差不得分		
	3	$\varnothing 26_{-0.1}^{0}$	3	超差不得分		
	4	锥度 1∶10	3	不合格不得分		
	5	偏心距 1.2±0.02	3	超差不得分		
	6	$8_{-0.05}^{0}$	2	超差不得分		
	7	$10_{0}^{+0.005}$	2	超差不得分		
	8	72,30,12	1	超差不得分		
	9	1.5(2处)	0.5	1处不合格扣0.5分		
	10	$\varnothing 44$	1	超差不得分		
	11	倒角 1×40°	0.5	不合格不得分		
	12	倒角 0.5×45°	1	不合格不得分		
	13	跳动 0.015	1	超差不得分		
	14	*Ra* 1.6	2	1处不合格扣0.5分		
	15	*Ra* 3.2	1	超差不得分		
件2	16	$\varnothing 46_{+0.05}^{+0.075}$	3	超差不得分		
	17	$\varnothing 36_{0}^{+0.025}$	3	超差不得分		
	18	偏心距 1.2±0.02	3	超差不得分		
	19	11,24	1	超差不得分		
	20	倒角 1×45°	1.5	超差不得分		
	21	$\varnothing 56_{-0.019}^{0}$	3	超差不得分		
	22	*Ra* 1.6	2	1处不合格扣0.5分		

续表

件号	序号	检测项目	配分	评分标准	检测结果	得　分
件 3	23	$\varnothing 36_{-0.016}^{0}$	3	超差不得分		
	24	$\varnothing 56 \pm 0.15$	3	超差不得分		
	25	$\varnothing 48_{-0.54}^{0}$	2	超差不得分		
	26	$\varnothing 45_{-0.34}^{-11}$	10	超差不得分		
	27	$\varnothing 41_{-0.45}^{0}$	2	超差不得分		
	28	距螺 6 ± 0.05	3	超差不得分		
	29	锥度 1∶10	5	不合格不得分		
	30	角度 $\varnothing 44 \times 30^{\circ}$	2	不合格不得分		
	31	15,12,12,89,32	2	超差不得分		
	32	倒角 $2 \times 30^{\circ}$	1	不合格不得分		
	33	倒角 $0.5 \times 45^{\circ}$	1	不合格不得分		
	34	跳动 0.05	2.5	超差不得分		
	35	Ra 1.6	3	1 处不合格扣 0.5 分		
	36	Ra 3.2	1	1 处不合格扣 0.5 分		
总装	37	间隙 $1_{0}^{+0.06}$	3	超差不得分		
	38	间隙 1 ± 0.03	3	超差不得分		
	39	跳动 0.015	5	超差不得分		
	40	跳动 0.05	2	超差不得分		
	41	轴向长度 132 ± 0.1	2	超差不得分		
	42	安全文明生产		凡有不文明生产、违章操作或出现机损事故者,酌情从总分中扣除 1～10 分,直到取消考试资格		
	43	工时定额:总时间 300 min,时间到交工件,延时扣分				
	44	工件总得分				
考生签名:				考评员签名:		
检测员签名:				督导员签名:		

拓展项目 8

零件图

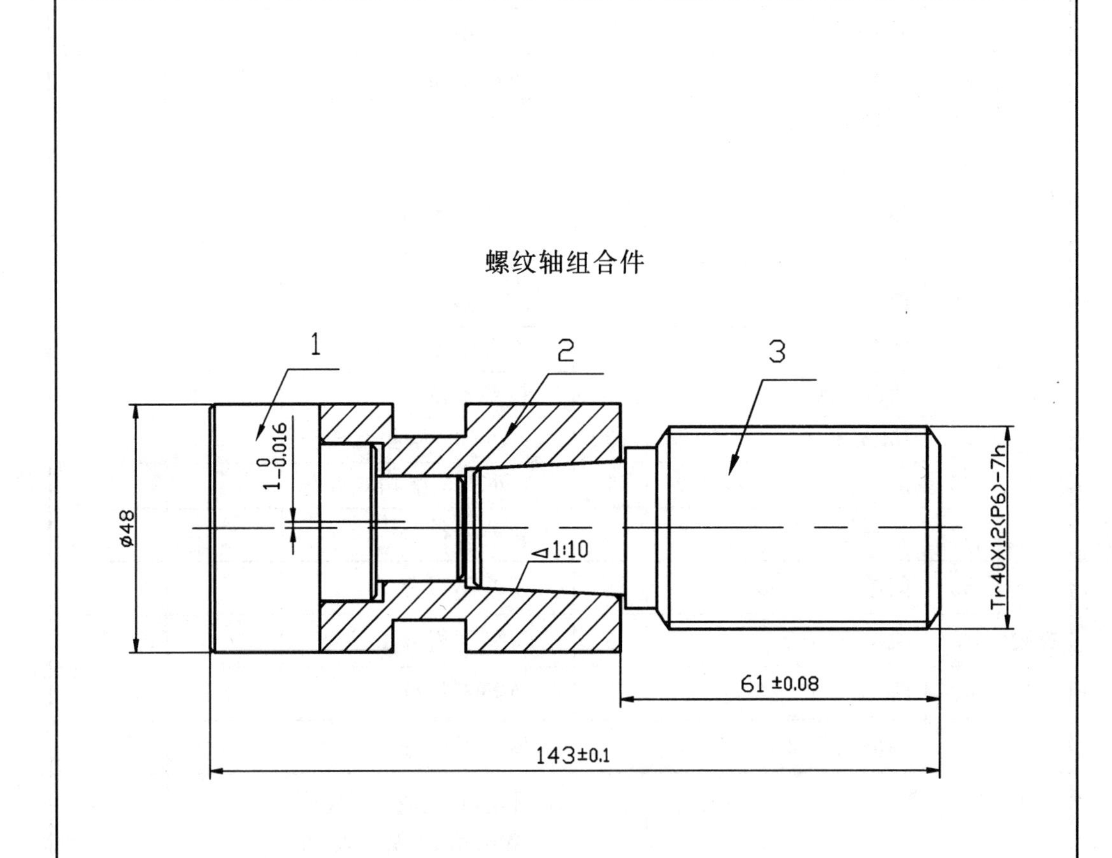

装配要求：

1. 按装配图组合交验。
2. 装配时允许用锉刀去毛刺。
3. 件 2 和件 3 组合保证。
4. 件 2 锥度配合时接触面积大于 70%。

名称	螺纹轴组合件
材料	45＃
工时	360 min
毛坯尺寸	∅50 mm×240 mm

组合件 1 零件图

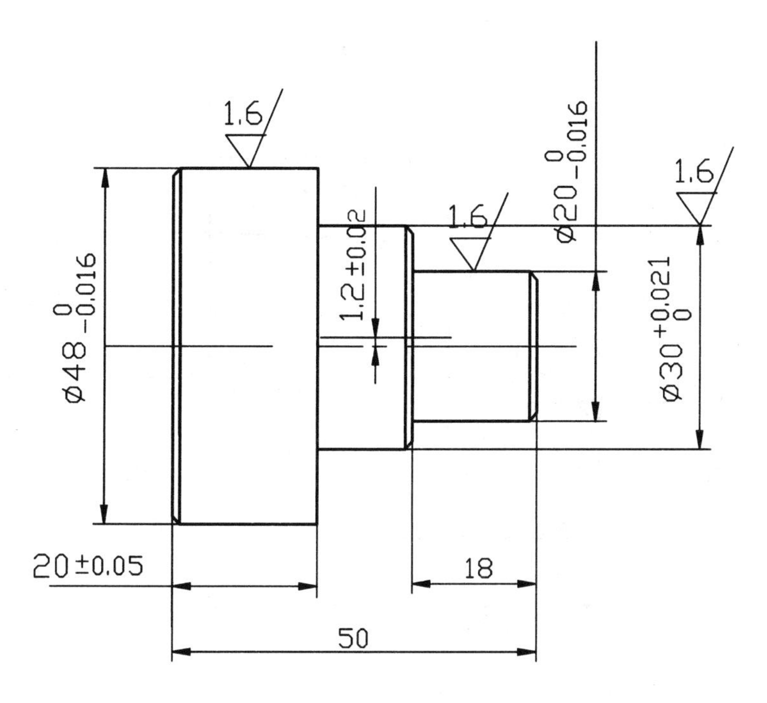

技术要求：

1. 未注倒角为 C1，锐边倒钝角 C0.5。
2. 未注公差按 IT14 加工。
3. 不许使用锉刀、砂布等锉抛加工表面。

名称	组合件 1
材料	45#
工时	
毛坯尺寸	

组合件 2 零件图

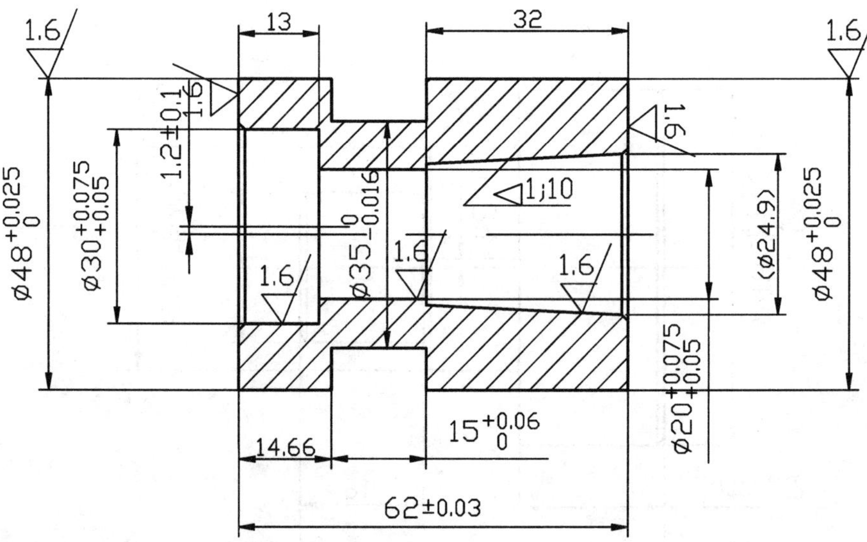

技术要求：

1. 未注倒角为 C1，锐边倒钝角 C0.5。
2. 未注公差按 IT14 加工。
3. 不许使用锉刀、砂布等锉抛加工表面。

名称	组合件 2
材料	45＃
工时	
毛坯尺寸	

组合件 3 零件图

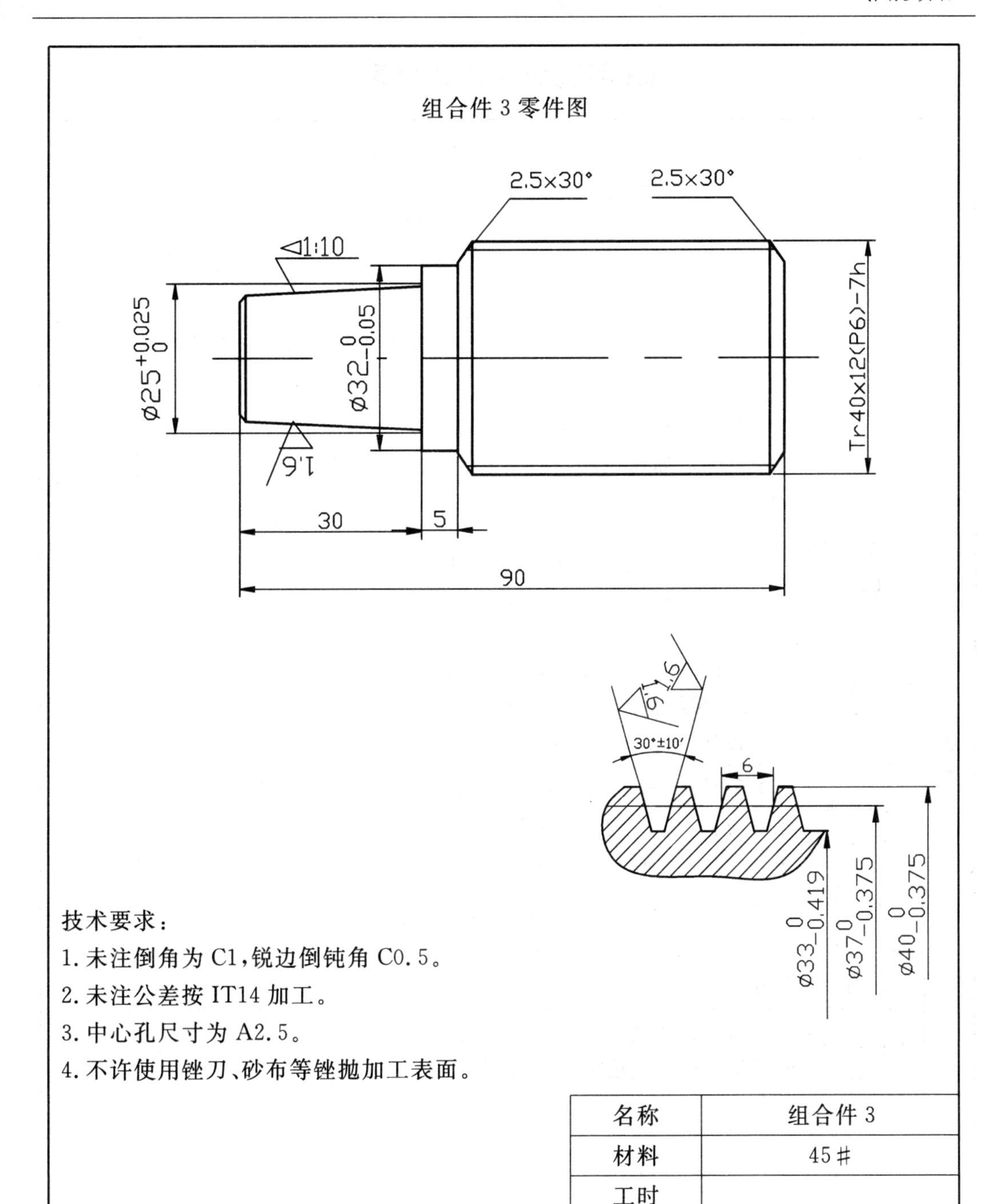

技术要求：

1. 未注倒角为 C1，锐边倒钝角 C0.5。
2. 未注公差按 IT14 加工。
3. 中心孔尺寸为 A2.5。
4. 不许使用锉刀、砂布等锉抛加工表面。

名称	组合件 3
材料	45＃
工时	
毛坯尺寸	

6S 和现场操作评分表

<table>
<tr><td colspan="2">学习项目名称</td><td></td><td colspan="2">日　期</td><td colspan="2"></td></tr>
<tr><td colspan="2">姓　名</td><td></td><td colspan="2">工 位 号</td><td colspan="2"></td></tr>
<tr><td colspan="2">开工时间</td><td></td><td colspan="2">任　务</td><td colspan="2"></td></tr>
<tr><td rowspan="8">职业素养</td><td>考核项目</td><td>考核内容</td><td>自我评分(×10%)</td><td>班组评分(×30%)</td><td>教师评分(×60%)</td><td>得　分</td></tr>
<tr><td>纪律(20分)</td><td>不迟到,不早退,服从安排,打扫车间卫生。如有违反,一项扣1~3分</td><td></td><td></td><td></td><td></td></tr>
<tr><td>安全文明生产(20分)</td><td>安全着装,按要求操作车床。如有违反,一项扣1~3分</td><td></td><td></td><td></td><td></td></tr>
<tr><td>职业规范(20分)</td><td>爱护设备、量具,实训中工具、量具、刀具摆放整齐,给机床加油、清洁。如有违反,一项扣1~3分</td><td></td><td></td><td></td><td></td></tr>
<tr><td>现场要求(20分)</td><td>不玩手机,不大声喧哗,不打闹,课后清扫地面、设备,清理现场。如有违反,一项扣1~3分</td><td></td><td></td><td></td><td></td></tr>
<tr><td>工件车削加工考核(20分)</td><td>在规定的时间内完成工件的车削加工及装配。根据现场情况扣分</td><td></td><td></td><td></td><td></td></tr>
<tr><td>人伤械损事故</td><td>若出现人伤械损事故,整个项目成绩记0分。该项没有加分,只有减分</td><td></td><td></td><td></td><td></td></tr>
<tr><td colspan="2">总　分</td><td></td><td></td><td></td><td></td></tr>
<tr><td colspan="2">备　注
(现场未尽事项记录)</td><td colspan="5"></td></tr>
<tr><td colspan="2">教师签字</td><td></td><td colspan="2">学生签字</td><td colspan="2"></td></tr>
</table>

零件检测评分记录表

件号	序号	检测项目	配分	评分标准	检测结果	得　分
件 1	1	$\varnothing 48_{-0.016}^{0}$	3	超差不得分		
	2	$\varnothing 20_{-0.016}^{0}$	3	超差不得分		
	3	$\varnothing 30_{0}^{+0.021}$	4	超差不得分		
	4	1.2±0.02	5	超差不得分		
	5	20±0.05	3	超差不得分		
	6	50	0.5	超差不得分		
	7	18	0.5	超差不得分		
	8	*Ra* 1.6(3 处)	1.5	1 处不合格扣 0.5 分		
	9	*Ra* 3.2(3 处)	1.5	1 处不合格扣 0.5 分		
	10	1×45°	0.5	1 处不合格扣 0.2 分		
件 2	11	$\varnothing 48_{0}^{+0.025}$	3	超差不得分		
	12	$\varnothing 35_{-0.016}^{0}$	3	超差不得分		
	13	$\varnothing 20_{+0.05}^{+0.075}$	4	超差不得分		
	14	$\varnothing$25±0.05	2	超差不得分		
	15	1.2±0.1	5	超差不得分		
	16	20±0.1	4	超差不得分		
	17	62±0.03	3	超差不得分		
	18	14.66	0.5	超差不得分		
	19	32	0.5	超差不得分		
	20	13	0.5	超差不得分		
	21	$15_{0}^{+0.06}$	3	超差不得分		
	22	1∶10(2°52′±6′)	1.5	不合格不得分		
	23	*Ra* 1.6(3 处)	1.5	1 处不合格扣 0.5 分		
	24	*Ra* 3.2(6 处)	3	1 处不合格扣 0.5 分		

续表

件号	序号	检测项目	配分	评分标准	检测结果	得　分
件3	25	$\varnothing 32_{-0.05}^{0}$	3	超差不得分		
	26	$\varnothing 40_{-0.375}^{0}$	3	超差不得分		
	27	$\varnothing 37_{-0.0335}^{0}$	9	超差不得分		
	28	$\varnothing 33_{-0.419}^{0}$	2	超差不得分		
	29	6±0.037	4	1处不合格扣0.5分		
	30	30°(2处)	1	不合格不得分		
	31	5	3	不合格不得分		
	32	2.5×30°(2处)	1	不合格不得分		
	33	90	0.5	1处不合格扣0.5分		
	34	30	0.5	1处不合格扣0.5分		
	35	*Ra* 1.6(6处)	3	1处不合格扣0.5分		
	36	*Ra* 3.2(5处)	2.5	1处不合格扣0.5分		
	37	1×45°	0.5	不合格不得分		
总装	38	1∶10锥度接触面大于70%	5	每少10%扣2分		
	39	61±0.08	3	超差不得分		
	40	143±0.1	2	超差不得分		
	41	安全文明生产		凡有不文明生产、违章操作或出现机损事故者，酌情从总分中扣除1～10分，直到取消考试资格		
	42	工时定额：总时间360 min，时间到交工件，延时扣分				
	43	工件总得分				
考生签名：				考评员签名：		
检测员签名：				督导员签名：		

附录A　车工实训车间6S检查评分标准

项目	项目内容及要求	基本分	实得分
整理	1.车床床头箱上除摆放量具外,不得摆放其他物品	5	
	2.使用完后的扳手、划针盘、刀具等物品要随时放回工具柜台面上,并按定置图要求摆放整齐	4	
	3.保证安全通道畅通,无物品堆放	2	
	4.实训室内所有安全、文明、警示标识牌完好无损,无脏痕和油污	2	
	5.及时更换看板内容及实训室6S考核检查情况表	4	
整顿	1.电器开关箱内外整洁,无乱搭乱接现象	2	
	2.电器开关箱有明确标识,并关好电器开关箱门	2	
	3.工、量、刀具要归类摆放整齐,不随意摆放	2	
	4.铁屑和垃圾分别存放入指定的箱内,并妥善管理	3	
	5.工具柜门要随时关闭好,保持整齐	3	
清扫	1.每班下课前清扫地面,讲课区桌椅摆放整齐	3	
	2.每班下课前清扫设备,设备整洁无铁屑、油污	3	
	3.卫生清扫工具摆放在规定位置,并摆放整齐,无乱放现象	3	
	4.废料头及废刀具及时清理出实训室,集中堆放,无乱扔乱放现象	3	
	5.每班下课前清洗洗手池,无堵塞和脏痕	3	
清洁	1.经常保持实训室地面干净整洁,不随意乱扔纸屑、果皮等	3	
	2.实训室墙壁、玻璃、门窗整洁,无脏痕、油污	3	
	3.保持实训室物品摆放整齐,无桌椅乱放现象	3	
	4.无私人物品(工作服、包、书、伞等)乱放现象	3	
	5.车床头、工具柜台面上清洁整齐,无杂乱现象	3	

续表

项目	项目内容及要求	基本分	实得分
安全	1.学生进入实训室必须按要求穿戴好实训服,女生必须戴好工作帽。未按要求着装者不得进入实训室	5	
	2.不准戴手套操作机床和在砂轮机上刃磨刀具	3	
	3.使用专用铁钩清理铁屑,不准用手清理切削当中排出的铁屑,不准用手玩铁屑	3	
	4.严格按照老师的要求进行操作,不在实训室内嬉笑打闹	3	
	5.每班下课时切断所有电源,关好实训室门窗	3	
	6.每班学生下课前填写好设备使用交接班记录	3	
素养	1.增强6S管理观念,严格要求自己,在实训中培养良好的职业素养	3	
	2.认真学习,不迟到,不早退,不无故缺课	3	
	3.不在实训室内听音乐(MP3),不在实训室内玩手机(游戏)	3	
	4.上课时不打瞌睡,不躺在实训室座椅上睡觉	3	
	5.不在实训室内高声喧哗,不在实训室内唱歌	3	
	6.自己的零件做坏了,不调换别人的好零件	3	
	7.安全文明实训,爱护设备,爱护量具,不破坏公共卫生,不在墙壁上乱涂乱画	3	

附录 B　车工实训室学生 6S 考核表

班级：　　　　　　　　　　　　　　　　　　　　　　　　　年　月　日

序号	姓名	项目						得分
		整理 18 分	整顿 12 分	清扫 15 分	清洁 15 分	安全 20 分	素养 20 分	
1								
2								
3								
4								
5								
6								
7								
8								
9								
10								
11								
12								
13								
14								
15								
16								
17								
18								
19								
20								
21								
22								

续表

序号	姓名	项目						得分
		整理 18 分	整顿 12 分	清扫 15 分	清洁 15 分	安全 20 分	素养 20 分	
23								
24								
25								
26								
27								
28								
29								
30								
31								
32								
33								
34								
35								
36								
37								
38								
39								
40								
41								
42								
43								
44								
45								

班长：　　　　　　　　　　　　　　　　当值老师：

附录C　车工实训综合评分表

项目	内容				合计
	引导文（10%）	工艺文件（10%）	零件质量（60%）	6S管理（20%）	
项目1					
项目2					
项目3					
项目4					
项目5					
项目6					
项目7					
项目8					
项目9					
项目10					
项目11					
项目12					
项目13					
项目14					
项目15					
项目16					
项目17					
项目18					
项目19					
拓展项目1					
拓展项目2					
拓展项目3					
拓展项目4					
拓展项目5					
拓展项目6					
拓展项目7					
拓展项目8					

参考文献

[1] 全燕鸣.金工实训[M].北京:机械工业出版社,2001.
[2] 翁承恕.车工生产实习[M].北京:中国劳动出版社,1991.